2024 赤泥综合利用发展报告

中国有色金属工业协会　编著

中国建设科技出版社有限责任公司
China Construction Science and Technology Press Co., Ltd.
北　京

图书在版编目（CIP）数据

2024 赤泥综合利用发展报告/中国有色金属工业协会编著. --北京：中国建设科技出版社有限责任公司，2025. 7. -- ISBN 978-7-5160-4563-3

Ⅰ. TF821

中国国家版本馆 CIP 数据核字第 2025896ZT9 号

2024 赤泥综合利用发展报告

2024 CHINI ZONGHE LIYONG FAZHAN BAOGAO

中国有色金属工业协会　编著

出版发行：中国建设科技出版社有限责任公司

地　　址：北京市西城区白纸坊东街 2 号院 6 号楼

邮　　编：100054

经　　销：全国各地新华书店

印　　刷：北京联兴盛业印刷股份有限公司

开　　本：710mm×1000mm　1/16

印　　张：12

字　　数：150 千字

版　　次：2025 年 7 月第 1 版

印　　次：2025 年 7 月第 1 次

定　　价：198.00 元

本社网址：www. jskjcbs. com，微信公众号：zgjskjcbs

本书如有印装质量问题，由我社事业发展中心负责调换，联系电话：（010）63567692

《2024 赤泥综合利用发展报告》
编　委　会

杨永亮　云南九州再生资源开发有限公司
张建强　中铝郑州有色金属研究院有限公司
高建阳　中铝山东有限公司
董红军　中铝股份赤泥综合利用技术中心
傅海辉　中国环境科学研究院
撰稿人　孟跃辉　李秀云　曾庆森　张慧霞

序

2024 年，是赤泥综合利用富有成效的一年。

这一年，最重要的一件事是工业和信息化部等六部门联合发布了《赤泥综合利用行动方案》，这是推动赤泥综合利用的纲领性文件，中国有色金属工业协会（以下简称“协会”）从参与方案研究、组织政策解读、宣贯行动方案到推动现场交流，开展了一系列富有成效的工作。

这一年，我国赤泥综合利用量达到 1380 万吨，同比增长 31.43%，综合利用率达到 12%、百分点首次达到两位数；7 条赤泥综合利用生产线建成投用；赤泥基复合水稳材料、源头减量技术等取得阶段性成果；11 项团体标准发布，赤泥综合利用直接相关授权专利新增 101 项，同比增长 71.2%；新华社等一线媒体专题时效报道超 16 篇，新闻热度不断提升。

这一年，协会组织开展了首批赤泥综合利用联合攻关项目；首次发布了赤泥在钢铁行业应用白皮书，为钢铁行业提供原料近千万吨；首次提出了赤泥大规模低成本综合利用的五大领域；首次在境外组织了赤泥综合利用国际论坛，多次组织了赤泥综合利用跨行业现场交流；为多个地方政府和企业进行了项目论证和技术对接，首次公开了赤泥综合利用省、市、企业排名。

这些成绩的取得，凝聚了社会各界的智慧和汗水，彰显了我国有色金属行业在绿色低碳转型发展中的责任担当和攻坚克难。在看到成绩的同时，我们也要清醒地看到，我国赤泥仍面临存量未减、增量扩大的趋势，各地区各企业综合利用差距较大，财税、金融等一揽子配套政策还需加速落地，科技创新、标准体系还需进一步突破，跨行业协同和市场应用还需进一步加强，可谓任重而道远。

未来一年，我们要以《赤泥综合利用行动方案》为指引，奋发有为、主动作为，以推动氧化铝企业源头减量、管理变革为抓手，不断拓展赤泥综合利用的新场景新领域；以赤泥提铁技术创新、提质增量，探索有色和钢铁融合发展新模式；推动《赤泥综合利用行动方案》落实落地，进一步激励激活市场动力；借力国际合作共享发展经验，推动赤泥综合利用再上新台阶。

“赤泥综合利用发展报告”已连续发布了四年，旨在总结行业动态，为行业提供参考和指引。今年的报告系统梳理了国内外赤泥综合利用现状、技术路径、典型案例及未来方向，期待这份报告能够凝聚更多共识，激发更多创新活力，推动赤泥综合利用从“单点突破”迈向“系统增效”，为全球有色金属行业绿色低碳发展贡献中国智慧。

在此，谨向所有致力赤泥综合利用事业的国内外专家、企业家及地方政府部门、行业组织致以崇高敬意。让我们携手同行，以科技创新为笔，以绿色发展为卷，共同谱写“碱水红山”变“绿水青山”“金山银山”的新篇章！

中国有色金属工业协会党委书记、会长

2025 年 6 月

目　　录

第一章　重要文稿特载

一、创新引领　合作赋能
推进全球赤泥综合利用再上新台阶①

中国有色金属工业协会党委书记、会长　葛红林

很高兴与来自世界各地的新老朋友相聚在法国里昂，共同参加2024赤泥综合利用国际论坛。选择在法国召开很有历史意义，法国是世界氧化铝工业发源地，1860年建成了全球第一家氧化铝厂萨林得（Salindres），开启了铝工业一百多年的蓬勃发展史。

一、近年来全球赤泥综合利用取得积极进展

赤泥作为氧化铝工业的主要副产物，堆存也超百年，这是行业的社会诟病，也是行业发展躲不过去的难题，但是近年来，对这一世界难题的攻克，正出现了积极的进展。

（一）破解难题的全球共识和信心不断增强

我们欣喜地看到，全球对赤泥的重视程度越来越高，赤泥研

① 2024赤泥综合利用国际论坛上的致辞。

究和利用的队伍越来越壮大，信心越来越增强，成效越来越显现。比如，2023 年在中国有色金属工业协会和国际铝业协会的倡导下，在中铝、力拓等集团的鼎力支持下，在中国郑州召开了第一次赤泥综合利用国际论坛，并达成办成年度国际例会的共识，今天的会议，也标志着大家将共识转化为行动。目前，中国、美国、法国、澳大利亚、希腊等国对赤泥的综合利用给予了高度重视，都在积极推动。中国有色金属工业协会多次举办赤泥综合利用大型论坛和专题研讨会，积极邀请国外代表现场参观，促进国内外的学习交流。

（二）国际组织和企业的工作和投资力度显著提高

国际铝业协会发布了《铝土矿赤泥管理最佳方案》，欧盟资助 880 万欧元支持赤泥项目，中铝集团 2023 年赤泥利用率已超 16%，力拓集团持续挖掘赤泥应用潜力，南山集团试验改性赤泥修复矿坑，锦江集团 2023 年赤泥研发投入超 1100 万元，海德鲁与高校合作开发高效生态水泥，美国铝业建设赤泥“碳捕获”系统，希腊铝业研究赤泥脱碱技术等。

（三）赤泥综合利用已经成为中国铝产业的自觉行动

2023 年，全球氧化铝产量 1.42 亿吨，赤泥产生量约 1.8 亿吨；中国氧化铝产量 8244 万吨，约占全球氧化铝产量 58%，赤泥产生量超亿吨。近年来，中国政府高度重视赤泥综合利用，制定出台了一系列赤泥综合利用的相关政策，提出具体目标和行动方案，一些重点地区比如广西、山东、河南等成立专班推动赤泥综合利用。赤泥综合利用研究被纳入国家重大科技专项，协会组织了跨行业联合攻关，以“揭榜挂帅”方式层层筛选出多个攻关项目，国家层面的科研经费投入超 1.5 亿元。氧化铝企业主动作为，中铝集团成立了赤泥技术中心，开发了赤泥基系列产品；魏桥集团加强源头减量研究，效果明显；利用企业踊跃参与，宝钢参配赤泥用于炼铁，山东海逸利用赤泥修筑40多条试验道路；科研院校积极投入，中南大学、东北大学、北京科技大学等高校设立专门研发团队；社会媒体高度关注，新华社、经济日报社等10多家主流媒体专题报道赤泥综合利用，“中国赤泥综合利用”公众号关注度不断提升。

目前，中国已建成超40条赤泥利用生产线，其中赤泥选铁17条、路用材料5条、胶凝材料3条；多项关键技术取得突破，标准专利数量激增。2023年中国赤泥综合利用量首次突破1000万吨，利用率达9.8%；2024年上半年中国赤泥综合利用量720万吨，全年预计超1300万吨，利用率达12%以上。

我们相信，“路虽远行则将至，事虽难做则必成”，汇聚全球资源和力量，以“钉钉子”的精神，一定会久久为功。

二、创新推动赤泥综合利用再上新台阶

过去几十年来，赤泥综合利用的缓慢进程表明，各界各方必须携手，加大科技创新的力度，扩大有效应用的场景和加大有效政策的实施，我们要多管齐下，创新推动赤泥综合利用再上新台阶。

（一）突出科技创新，支撑和夯实赤泥综合利用的基础

氧化铝企业要树立“赤泥是资源”的理念，扩大应用空间和提高综合利用率。一是要以技术创新为基础，推动模式创新、产品创新和应用领域创新；要创新源头管理，开展配矿和混矿，均衡原料结构；创新过程管理，应用新技术，分级、分类极致经营，创造更好的利用条件；要创新技术管理，开发源头减量、在线降碱等关键技术，实现源头减排。二是加大基础理论研究，支撑和夯实应用基础。要探索物相转变和矿相重构原理，开发非石

灰拜耳法溶出技术、赤泥解离技术，发展赤泥性质调控技术、赤泥脱碱技术，突破碳化法、酸法赤泥脱碱技术等，支撑和夯实应用基础。三是要完善创新体系，培育创新能力。支持赤泥“产用研”合作，促进“产学研”联合攻关；支持建设赤泥综合利用实验室、研究中心，推动关键技术取得突破；支持建设赤泥综合利用技术中试平台、产业孵化平台，推进赤泥综合利用成果转化。

（二）突出跨界合作，不断拓展应用领域和应用场景

发挥国际国内平台作用，积极推动赤泥综合利用上下游协同、跨产业联合、园区化发展，探索多固废协同利用，推动赤泥综合利用扩容增量。一是要上下游协同。合理布局赤泥综合利用产业，引导赤泥产生和利用企业上下游协同。新建氧化铝项目配套相应的赤泥综合利用能力，探索“产用挂钩”等方式；创新上下游合作模式，推动赤泥利用产业向前端、中端延伸。二是要跨产业联合。扩大赤泥中的铁、铝、钙等元素回收规模，探索提取镓、钛、钪、钒等稀有金属；鼓励钢铁、建材、交通、化工、农业等领域，使用赤泥产品。三是要园区化发展。推动多固废协同利用，鼓励将赤泥与厂区内、园区内粉煤灰、脱硫石膏等固废协同利用；鼓励重点赤泥产生地区将赤泥利用纳入“无废园区”“无废企业”建设。

（三）突出组织协调，更好发挥协会赤泥推进办的推动作用

最近，协会赤泥推进办已经编制完成了我国赤泥综合利用政策研究报告，提出了工作目标、路径、方向及措施等，协会赤泥推进办要抓好组织协调，加大力度地贯彻，加快节奏地落实，持续攻坚克难，实现久久为功。一是强化信息互通，要继续挖掘大

数据、丰富数据库、加大动态跟踪和信息共享，形成信息支撑合力；二是强化组织保障，要推动政企联动，一企一策，制定时间表、路线图，层层分解，协同落实；三是强化政策引导，要在科研、技术、装备、税收、资金等方面，积极争取政府和社会各界支持力度；四是强化人才建设，要汇聚培养专业人才，组建智囊团，发挥智库作用，实现更加科学理性；五是强化标准完善，鼓励制定具有行业引领作用的企业标准、团体标准，推动完善相关行业标准、国家标准等。

三、携全球之手，加快破解赤泥综合利用世界难题

中国作为氧化铝生产和消费大国，我们将携手全球同行，务实合作，不懈努力，共同破解赤泥综合利用世界难题。在此，我有三点倡议：

（一）进一步深化国际各界合作

充分发挥国际论坛平台作用，提高质量，扩大影响。每年选择全球最新研究成果、成功经验和案例等进行交流，吸引越来越多的赤泥“产学研用”及金融等机构参与；我们愿意与全球分享中国实践成功的模式和方法，同时非常欢迎和力促他国企业和研发机构的先进技术成果，在中国扩大应用和实现产业化。

（二）进一步强化科技创新合作

充分借鉴国内外跨行业联合攻关经验，开展跨国别、跨领域的全球协同攻关，加快赤泥大规模低成本综合利用的理论研究、中试验证、产业化示范，丰富赤泥利用产品，拓展应用新领域；氧化铝企业要担负主体责任，不断优化和变革工艺技术、运营管理模式，实现源头减量，提高赤泥可用性。

（三）进一步强化国际标准构建

要积极推进赤泥综合利用标准互认，中国已经建立了赤泥精选高铁砂技术规范、硫酸盐水泥、路基应用技术规程等 12 项国家、地方、团体标准，初步完成了《赤泥利用污染控制技术规范》，正面向社会征求意见。我们希望共同探索筹建赤泥综合利用国际标准委员会，共同研究赤泥分类标准、检测方法、污染控制技术规范等。

二、举全社会之力 攻克全球难题[①]

——《赤泥综合利用行动方案》落地见效

中国有色金属工业协会党委书记、会长葛红林答记者问

为深入贯彻《中华人民共和国固体废物污染环境防治法》，落实《“十四五”工业绿色发展规划》和《关于加快推动工业资源综合利用的实施方案》的有关要求，近日，工业和信息化部等六部门联合印发了《赤泥综合利用行动方案》（以下简称《行动方案》），旨在加快提升赤泥综合利用水平，推动铝工业绿色低碳高质量发展。为此，本报记者就《行动方案》的有关情况专访了中国有色金属工业协会（以下简称“协会”）党委书记、会长葛红林。

记者：《行动方案》出台的背景是什么？

葛红林：党中央、国务院高度重视赤泥综合利用工作。党的二十届三中全会明确提出，中国式现代化是人与自然和谐共生的现代化，必须完善生态文明制度体系，协同推进降碳、减污、扩绿、增长，积极应对气候变化，加快完善落实绿水青山就是金山银山理念的体制机制。这为传统产业打造绿色低碳新模式新业态、推动高质量发展提供了根本遵循。

赤泥是铝工业排量最大的固体废物，是全球公认的世界难题。我国赤泥历史堆存近 14 亿吨，每年仍新产生超 1 亿吨。近年来，虽然赤泥综合利用取得了一定成绩，但只是阶段性的成效。一是存量未减，2023 年新增赤泥综合利用率仅为 9.8%。二

① 2025 年 1 月 2 日接受《中国有色金属报》记者专访。

是赤泥综合利用本身就是世界难题。尽管氧化铝行业一直在想办法解决，但至今未能突破大规模应用，致使不少企业畏难而退。三是赤泥综合利用涉及钢铁、建材、交通等多个行业，急需畅通跨行业利用。目前跨行业协同利用障碍多，推广难度仍旧较大。

2023 年，工业和信息化部节能与综合利用司专门委托协会开展了赤泥综合利用政策研究。协会组织了来自政府、企业、院所等高水平的专家团队，查阅了大量历史文献资料，开展了多次交流考察、调研座谈和深入研究等，从政策环境、法律法规、规范标准、技术专利、应用示范等方面，系统梳理了现状，分析了赤泥综合利用存在的问题和难点，特别是结合近年来赤泥综合利用的工作经验，提出了针对性的措施和建议。2024 年年底，工业和信息化部根据赤泥综合利用政策研究成果，结合各相关省份具体实际，联合相关部委制定发布了《行动方案》。

记者：《行动方案》提出了到 2027 年新增赤泥综合利用率达到 15%，到 2030 年新增赤泥综合利用率达到 25% 的两阶段主要目标，目标的可行性怎么样？

葛红林：赤泥综合利用是一项系统工程和长期任务，围绕全面提升赤泥综合利用水平，《行动方案》坚持问题导向和目标导向相结合，提出两个阶段主要目标。

第一阶段是当前到 2027 年，重点是突破关键技术，提升产品应用规模，制定标准，培育特色园区和骨干企业，建设产业化示范工程，赤泥增量综合利用率目标定为 15%。从近三年的实践看，全国综合利用率每年增长约 2 个百分点，按照这个趋势，是能够达到第一阶段目标的；但同时也要看到存在的难点。一是区域发展不平衡。山东、广西已经成立专班推动赤泥综合利用工作，在赤泥选铁、路用、胶凝材料等领域广泛开展应用；也有部分省份基础薄弱，建成运行项目少，没有形成工作推动机制。二是氧化铝企业重视程度不同。今年已有氧化铝企业赤泥综合利用率超过30%，也有企业仍然没有利用。三是赤泥产生量还会有一定的增长。今后几年，广西、河北等省新建氧化铝项目将陆续投产，配套赤泥综合利用项目较少，对此，有必要提出明确的利用率要求。

第二阶段是2028年至2030年，重点是行业创新发展能力明显增强，技术创新体系基本形成，综合利用产品更加丰富，应用场景得到拓展；基本形成产业链上下游协同发力、赤泥综合利用量效齐增的可持续发展格局；这一阶段赤泥综合利用率目标定为25%。目前来看，源头减量技术已经工业化试验成功，预计可实现减排赤泥20%左右；随着高铁铝土矿占比的提高，赤泥选铁规模也将大幅提升，2023年赤泥选铁占总利用量的58%，2024年占比预计近70%；赤泥攻关项目，比如胶凝材料、路用材料、矿坑回填等试验成功，在环保、标准等条件具备下，可以大幅扩大应用规模。我认为，实现第二阶段目标是大有希望的。当然，挑战还是很大的，一是氧化铝新增产能存在不确定性，如果规划中的氧化铝产能全部投产，赤泥增量将较大，即使赤泥利用量大幅提升，完成25%压力依然很大；二是当前氧化铝价格持续高企，低品位铝土矿的应用将导致赤泥产出量持续增加，分母增加也会影响利用率指标；三是赤泥综合利用产品的下游市场也存在不确定性，比如铝土矿结构的变化、下游钢铁市场的变化，都会影响赤泥选铁规模；路用、建材及回填等技术的工业化推广，也会影响赤泥的大规模应用。

总体说，要完成15%、25%两个阶段目标，必须凝聚政府、行业及社会各方力量，坚持问题目标导向，攻坚克难，久久为功。

记者：《行动方案》提出，要在未来的工作中，推动赤泥综合利用量效齐增，并对重点任务进行了部署，全行业要在哪些方面发力做好该项工作？

葛红林：《行动方案》提出了系统推进赤泥源头减量、扩大利用规模、拓展利用场景等方面协同发力，推动提升赤泥综合利用水平的要求；从做好赤泥产生阶段管控、推动赤泥综合利用扩容增量、系统提升技术创新能力、推动产业统筹布局协同发展、强化综合利用产业发展保障等方面做了全面部署。

全行业要以习近平新时代中国特色社会主义思想为指导，全面贯彻党的二十届三中全会精神，落实 2024 年中央经济工作会议要求，继续携手各界各方，多管齐下，在加大科技创新力度、突出跨界合作、扩大有效应用场景等方面，全力推动赤泥综合利用再上新台阶。

一是积极争取所在地政府对赤泥综合利用的重视和支持。“产学研用”相关单位应积极向所在地政府汇报沟通，尽可能获得关心和支持。在这里也呼吁地方政府要因地制宜、因企施策出台支持政策，推动赤泥综合利用，造福一方百姓。

二是氧化铝企业要切实肩负起赤泥综合利用的主体责任。加快技术创新，扩大应用空间和提高综合利用率。创新源头管理，开展配矿和混矿，均衡原料结构；创新过程管理，应用新技术，分级分类极致经营，创造更好的利用条件；创新技术管理，开发源头减量、在线降碱等关键技术，实现源头减排。

三是科研院所要加大基础理论研究，支撑和夯实应用基础。探索物相转变和矿相重构原理，开发非石灰拜耳法溶出技术、赤泥解离技术，发展赤泥性质调控技术、赤泥脱碱技术，突破碳化法、酸法赤泥脱碱技术等。

四是完善创新体系，培育创新能力。支持赤泥“产用研”合作，促进“产学研”联合攻关；支持建设赤泥综合利用实验室、研究中心，推动关键技术取得突破；支持建设赤泥综合利用技术中试平台、产业孵化平台，推进赤泥综合利用成果转化。

五是突出跨界合作，不断拓展应用领域和应用场景，积极营造“百家争干”的良好局面。第一，要上下游协同。合理布局赤泥综合利用产业，引导赤泥产生和利用企业上下游协同；新建氧化铝项目配套建设赤泥综合利用项目，探索“产用挂钩”等方式；创新上下游合作模式，推动赤泥利用产业向前端、中端延伸。第二，要跨产业联合。扩大赤泥中的铁、铝、钙等元素回收规模，探索提取镓、钛、钪、钒等稀有金属；鼓励钢铁、建材、交通、化工、农业等领域，使用赤泥产品。第三，要园区化发展。推动多固废协同利用，鼓励将赤泥与厂区内、园区内粉煤灰、脱硫石膏等固废协同利用。

记者：协会下一步将如何抓好《行动方案》落地见效？

葛红林：协会将继续立足服务政府、社会、行业和企业的职责，认识再提高，路径再探索，节奏再加快；协会赤泥推进办要进一步发挥助推和保障作用，加大力度宣贯，加快加紧落实，持续攻坚克难，扎实推动《行动方案》落地见效。

一是加大宣传引导。通过赤泥综合利用现场会等形式，宣贯产业政策，对最新研究成果、成功经验和案例等进行交流，吸引越来越多的赤泥“产学研用”及金融等机构参与，增进行业共识。

二是强化联合攻关。对第一批已经开展的七个赤泥综合利用联合攻关项目，要密切跟踪、协调推进，将联合攻关成果尽快转化为产业化示范，并持续推进更多联合攻关项目，促进“产学研用”各方合力推动赤泥综合利用。

三是拓展国际合作。与国外机构和企业建立长期的沟通机制，相互分享先进技术成果、实践成功的模式和方法，推动赤泥综合利用技术跨国应用。开展跨国别、跨领域的全球协同攻关，加快赤泥大规模低成本综合利用的理论研究、中试验证、产业化示范；强化国际标准的构建，积极推进赤泥综合利用标准互认，探索筹建赤泥综合利用国际标准委员会，研究赤泥分类标准、检测方法、污染控制技术规范等。

四是突出组织协调。强化信息互通，继续挖掘大数据、丰富数据库、加大动态跟踪和信息共享，形成信息支撑合力；推动政企联动，一企一策，制定时间表、路线图，层层分解，协同落实；注重政策引导，在科研、技术、装备、税收、资金等方面，积极争取政府和社会各界支持；加强人才队伍建设，组建智囊团，发挥智库作用；培育骨干企业，推动形成一批赤泥综合利用知名品牌，提升在下游应用领域的影响力；完善标准体系，鼓励制定具有行业引领作用的企业标准、团体标准，推动完善相关行业标准、国家标准等标准体系建设。

三、2024 赤泥综合利用十大进展[①]

1. 全国赤泥综合利用率达 12%，居全球前列

2024 年全国赤泥利用量 1380 万吨，同比增长 31.4%，综合利用率同比提高 2.2 个百分点；全国新增赤泥 11500 万吨，累计堆存超 15 亿吨。2024 年新增赤泥同比增加 800 万吨，主要原因是氧化铝总量增加，用矿结构变化导致赤泥产出率上升。

2. 钢铝融合成为赤泥利用主体

2024 年赤泥综合利用在矿物提取、粉体材料、胶凝材料制取方面进展较快。受宏观形势影响，在交通、建材、建筑领域应用有所下降。全年利用 1380 万吨，其中氧化铁粉 976 万吨，占 70.72%；胶凝材料 168 万吨，占 12.17%；粉体材料 116 万吨，占 8.41%；其他材料 120 万吨，占 8.69%。

3. 大型铝业集团综合利用带头作用增强

2024 年综合利用量前 5 家集团分别是中铝集团、魏桥集团、文丰集团、锦江集团、信发集团。这 5 家集团的综合利用量占全国利用量的 90% 以上，而氧化铝总量仅占全国的 68%。

4. 生产企业综合利用精彩纷呈

全国氧化铝生产企业 54 家，2024 年有 43 家产出赤泥，24 家生产企业展开了大规模赤泥利用工作。赤泥利用量前 10 家分别是河北文丰新材料、中铝中州铝业、中铝山东、滨州北海新材

① 2025 年 1 月 24 日“中国赤泥综合利用”微信公众号发布。

料、中铝广西分公司、广西华昇新材料、山西兴安化工、云南文山铝业、广西华银铝业、广西信发铝电。

5. 赤泥综合利用地区发展各具特色

部分省市出台了相关扶持政策，招商吸引利用企业，创造应用前景，推动行业高质量发展。2024 年以综合利用率排序：河北、云南、山东、广西、河南、重庆、山西、贵州、内蒙古；以综合利用量排序：山东、广西、河南、河北、山西、云南、重庆、贵州、内蒙古。

6. 联合攻关取得重要进展

2024 年国家重点专项赤泥源头减量化技术已经工业化试验成功，可减量 20%。协会从应用场景出发组织的七大联合攻关项目陆续展开，赤泥基回填材料制备关键技术与环境评估等一批阶段性成果获专家会评审。企业自主研发的新型磁化离析热反应及弧场分离工艺技术，完成了 100 吨/日中试实验。

7. 一批综合利用项目建成投用

2024 年赤泥综合利用在五大领域进一步拓展，河北、山西、山东、河南、广西等地区赤泥综合利用项目陆续建成投产，其中粉体材料生产线 2 条，产能每年 90 万吨；选铁生产线 5 条，年新增产能 260 万吨，总产能超 1000 万吨；闭库赤泥堆场 18.9 兆瓦光伏发电项目建成运行。

8. 收获一批重要科技成果

“拜耳法赤泥高效生产新型粉体材料绿色技术及工程示范”等 2 项成果获省部级奖励；“堆积型铝土矿赤泥铝钢协同关键技术研究及应用”等 4 个项目通过“国际领先水平”评价；“高铁赤泥综合利用技术研究与应用”获第十八届“振兴杯”全国青

年职业技能大赛职工组优胜奖。与综合利用赤泥直接相关专利数量大幅增长，全年授权专利 101 项，同比增长 71.2%。其中发明专利 68 项，同比增长 19.3%；实用新型专利 33 项，而上年只有 2 项，同比增加了 15.5 倍。

9. 标准建设有序展开

2024 年发布征求意见稿的行业标准有 3 项，分别是生态环境部《赤泥利用污染控制技术规范》、交通运输部《公路工程工业废渣应用技术规范》、住房城乡建设部《赤泥堆场技术标准》。全面开展研究编制工作的行业标准有 2 项，为工业和信息化部的《赤泥回收硅铁粉》和《赤泥回收硅铝粉》。《水泥用赤泥铁质料》等 9 项团体标准发布。

10. 国际交流合作迈出新步伐

协会与国际铝业协会联合在法国里昂成功举办 2024 赤泥综合利用国际论坛，来自 20 多个国家和地区的代表参会；中国、法国、比利时、加拿大、牙买加等国家的专家学者组团赴希腊铝业交流赤泥综合利用技术；国际铝业协会和协会联合开展的赤泥成分分析方法研究已启动。

备注：有关数据来源自中国有色金属工业协会赤泥综合利用推进办公室调研统计或企业自报，如有差错，请联系订正。

第二章　赤泥综合利用概况

2024 年，赤泥综合利用以习近平生态文明思想为指导，以推动铝工业高质量发展为使命，按照“减量化、清洁化、资源化”的总思路，遵循“大规模、低成本、生态化”利用原则，在工艺路线、装备装置、技术经济、商业模式、应用市场及产业政策等方面，多措并举，敢闯敢试，推动我国赤泥综合利用取得了显著成效。

一、赤泥综合利用量再创新高

（一）赤泥产生量

据国家统计局数据统计，2024 年，我国氧化铝产量 8552.2 万吨，同比增加了 301 万吨，增幅 3.65%，保持持续增长态势。据协会数据统计，2024 年我国赤泥产生量 11500 万吨，同比增加了 800 万吨，增幅 7.48%；赤泥产出率（赤泥产生量/氧化铝产量）达 1.34，高于 2022 年的 1.29、2023 年的 1.30。2010—2024 年我国氧化铝产量、赤泥产生量及产出率情况见图 2-1。

各省份的赤泥产出率情况见图 2-2，按 2024 年氧化铝产量排序。从各省份赤泥产出率情况可以看出，主要使用国产铝土矿的是内陆省份，比如贵州省 1.79、内蒙古自治区 1.61、山西省

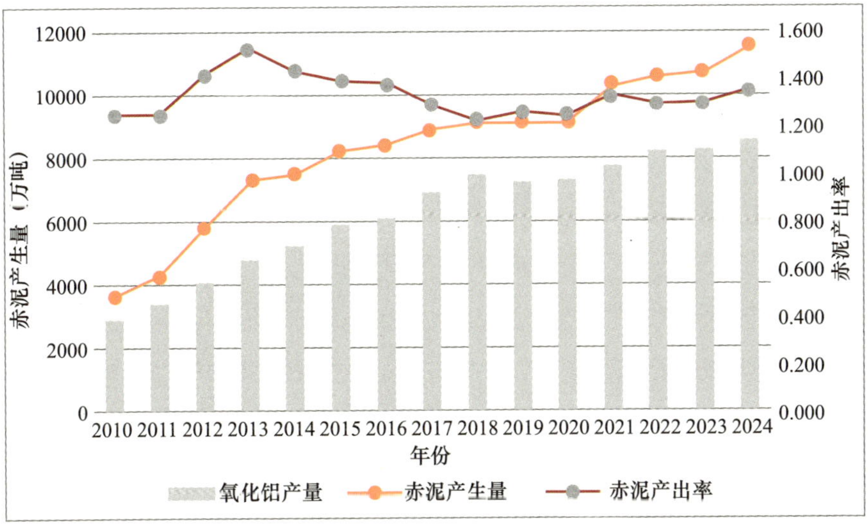

图 2-1　2010—2024 年我国赤泥产生量情况

1.51、河南省 1.55，氧化铝的赤泥产出率较高；使用进口铝土矿的是沿海省份，比如山东省 1.09、河北省 1.17，氧化铝的赤泥产出率较低。

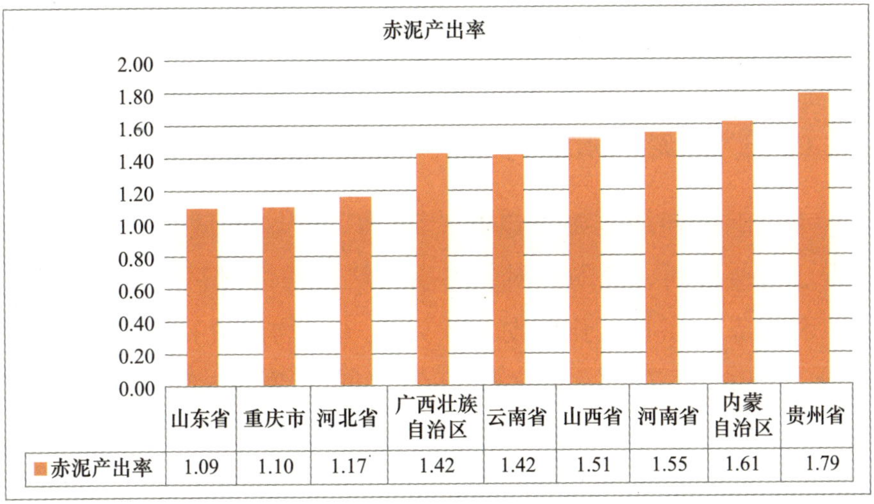

图 2-2　2010—2024 我国赤泥产出率情况

（二）赤泥利用量

据协会统计数据，2024 年我国赤泥利用量 1380 万吨，利用率 12%，首次达到 2 位数。2010—2024 年，我国赤泥综合利用情况见图 2-3。

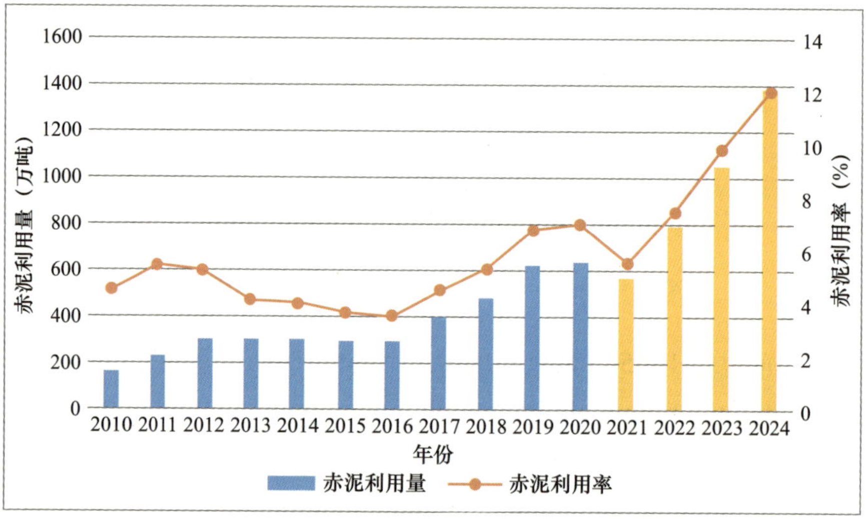

图 2-3　2010—2024 年我国赤泥利用量情况

（三）赤泥利用结构

赤泥综合利用主要聚焦在“5 + N”产品领域，分别为矿物提取、胶凝材料、建陶材料、路用材料、粉体材料及其他。2024 年，利用赤泥回收氧化铁粉 976 万吨（矿物回收），占总利用量 1380 万吨的 70. 72%，同比增长 68. 27%；利用赤泥生产胶凝材料 168 万吨，占比 12. 17%；粉体材料 116 万吨，占比 8. 4%；路用材料、建陶材料及其他应用 120 万吨，占比 8. 69%。2024 年我国赤泥综合利用结构见图 2-4。

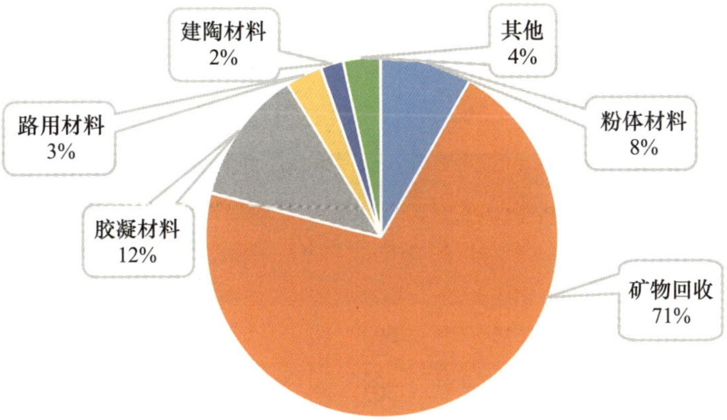

图 2-4 2024 年我国赤泥综合利用结构

回收氧化铁粉占比大幅提升，主要原因是进口铝土矿比例提高，2024 年我国进口铝土矿 15877 万吨，同比增长 12.3%。几内亚、澳大利亚是主要进口国，其中几内亚进口 11058 万吨，同比增长 11.3%；澳大利亚进口 3989 万吨，同比增长 15.2%。进口铝土矿含铁量高，特别是几内亚铝土矿其产出的赤泥 Fe_2O_3 含量高达 50% ~60%，可有效补充了国内铁矿石资源短缺，同时赤泥在钢铁领域应用白皮书的发布，推动了赤泥选铁技术的广泛推广和应用。

（四）各省市赤泥利用情况

2024 年，全国有 9 个省份产出赤泥，排名前 5 的省份利用量合计占比 94%。2024 年，全国开展赤泥综合利用的有 8 个省份，赤泥综合利用量超百万吨级的有 5 个省份，分别是山东省 592 万吨、广西壮族自治区 303 万吨、河南省 155 万吨、河北省 145 万吨、山西省 103 万吨，5 省份合计利用量 1298 万吨，占全国总利用量 94%。赤泥综合利用率超 12%（全国平均值）的有 4 个省份，分别是河北省27.9%、云南省25%、山东省18.8%、广西壮族自治区15.3%。各省份的赤泥利用情况见表2-1。

表2-1　2024年9省份赤泥利用情况

省份	2024年赤泥利用情况				
	产生量（万吨）	利用量（万吨）	利用量排名	利用率（%）	利用率排名
山东省	3148	592	1	18.8	3
广西壮族自治区	1984	303	2	15.3	4
河南省	1338	155	3	11.6	5
河北省	519	145	4	27.9	1
山西省	2907	103	5	3.5	7
云南省	200	50	6	25.0	2
重庆市	473	20	7	4.2	6
贵州省	851	16	8	1.8	8
内蒙古自治区	50	/	9	/	9

按地市来看，全国有21个地市产生赤泥，排名前5的地市利用量合计占比78%。2024年，全国开展赤泥综合利用的有14个地市，赤泥综合利用量超百万吨级的有5个地市，分别是山东滨州市485万吨、广西百色市224万吨、河北唐山市145万吨、河南焦作市120万吨，山东淄博市106万吨，5市区合计利用量1080万吨，占全国总量78%。利用率超12%（全国平均值）的有8个地市，分别是河南焦作市38.5%、山东淄博市37.3%、广西防城港市31.5%、河北唐山市27.9%、云南文山州25.0%、山东滨州市21.4%、河南郑州市17.8%、广西百色市12.9%。排名前10地市的赤泥利用情况见表2-2。

表 2-2　2024 年排名前 10 地市赤泥利用情况

序号	市/自治区	2024 年赤泥利用情况		
		产生量（万吨）	利用量（万吨）	利用率（%）
1	山东滨州市	2268	485	21.4
2	广西百色市	1733	224	12.9
3	河北唐山市	519	145	27.9
4	河南焦作市	312	120	38.5
5	山东淄博市	285	106	37.3
6	广西防城港市	251	79	31.5
7	山西吕梁市	1936	61	3.2
8	云南文山州	200	50	25.0
9	山西运城市	356	36	10.2
10	河南郑州市	196	35	17.8

（五）各氧化铝企业赤泥利用情况

从集团公司层面看，2024 年排名前 5 家集团的氧化铝产量全国占比 68%，赤泥利用量全国占比超 90%，5 家集团分别是中铝集团、魏桥集团、文丰集团、锦江集团、信发集团。

从单体氧化铝企业来看，赤泥利用量超百万吨的有 5 家企业，分别是山东魏桥赤泥利用量 485 万吨、河北文丰赤泥利用量 145 万吨、中铝中州赤泥利用量 120 万吨、中铝山东赤泥利用量 106 万吨、中铝广西分公司赤泥利用量 105 万吨。利用率排名前 5 的企业分别为中铝中州 38.5%、中铝山东 37.3%、中铝广西分公司 33%、广西华昇 31.5%、河北文丰 27.9%。赤泥利用率排名前 10 的企业名单见表 2-3。

表 2-3　2024 年赤泥综合利用率排名前 10 氧化铝企业名单

利用率排名	企业	2024 年赤泥利用情况		
		产生量（万吨）	利用量（万吨）	利用率（%）
1	中铝中州铝业有限公司	312	120	38.5
2	中铝山东有限公司	285	106	37.3
3	中国铝业股份有限公司广西分公司	318	105	33.0
4	广西华昇新材料有限公司	251	79	31.5
5	河北文丰新材料有限公司	519	145	27.9
6	山东魏桥创业集团	1805	485	26.9
7	云南文山铝业有限公司	200	50	25.0
8	中铝（郑州）铝业有限公司	177	35	20.0
9	中铝山西新材料有限公司	188	34	18.1
10	广西华银铝业有限公司	405	47	11.5

（六）赤泥堆存量

2022 年，协会调研统计了我国赤泥库的赤泥堆存情况，根据调研情况及结合企业历史经营数据，估算堆存量数据约 13 亿吨，2023 年和 2024 年每年保持超 1 亿吨的增量。截至 2024 年，我国赤泥已累计堆存达 15 亿吨。近三年堆存情况见图 2-5。

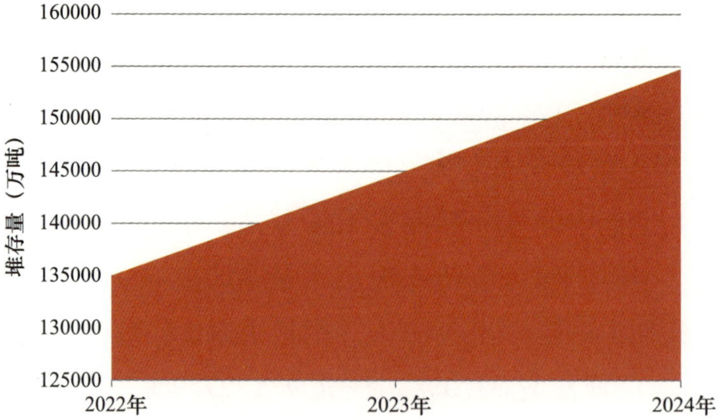

图 2-5　赤泥堆存量数据

二、科技攻关不断攀登

（一）一批关键技术取得突破

协会组织实施的联合攻关项目之一——赤泥基复合水稳材料技术和环境风险实验通过专家评审（图 2-6）。该项目由北京科技大学、中国环科院与文丰集团联合实施（图 2-7），该项目基于中钙体系胶凝材料理论，就地取材，多固废协同利用，可实现赤泥配比 45%，该项目成果对赤泥大规模低成本生态化应用有重大的示范意义。

图 2-6　专家评审会现场

中南大学牵头的国家重点专项——赤泥源头减量化技术，已经工业化试验成功（图 2-8）。项目采用非石灰拜耳法溶出赤泥源头减排技术，通过赤泥的矿相和物相重构，提高氧化铝溶出率，降低赤泥产出率，可实现源头减排赤泥 20% 以上。

图 2-7　项目施工过程

图 2-8　试验现场

东方电气自主研发项目——新型磁化离析热反应及弧场分离工艺技术，已完成了每天 100 吨中试实验。该项目是东方电气集团东方电机有限公司在山东邹平信发集团开发建设，已建成并完成联机调试，可生产出铁精粉、钛铁混合粉、液碱等产品，目前已通过研发项目验收（图 2-9），中试取得阶段性成功。

图 2-9　项目现场调研考察

（二）一批重点科技成果获奖

“拜耳法赤泥高效生产新型粉体材料绿色技术及工程示范”和“赤泥低碳低钙高效回收有价元素及尾渣资源化利用技术”两项成果获省部级奖项。

“堆积型铝土矿赤泥铝钢协同关键技术研究及应用”和“广西堆积型铝土矿赤泥路用技术研究及示范应用”两个项目被以院士为组长的专家组评为“国际领先水平”。“红土型高铁低硅几内亚铝土矿三段溶出全量化利用工艺技术开发及应用”被中国有色金属工业协会评价为“国际领先水平”。

“拜耳法赤泥高效生产新型粉体材料绿色技术及工程示范”项目获中华环保联合会科学技术奖一等奖；“高铁赤泥综合利用技术研究与应用”获第十八届“振兴杯”全国青年职业技能大

赛职工组优胜奖；“赤泥磁—重—浮联选回收赤泥中铝钙有价组分技术”获中铝集团 2023 年度“金点子”合理化建议奖。

（三）一批重点示范项目建成投产

2024 年，河北、山西、山东、河南、广西等地区赤泥综合利用项目陆续建成投产，新建成投产赤泥综合利用生产线共 7 条，其中选铁生产线 5 条，合计产能 380 万吨/年；粉体材料生产线 2 条，合计产能 90 万吨/年。同时还利用闭库赤泥堆场建设新能源项目，2024 年山东 18.9 兆瓦光伏发电项目建成运行。

截至 2024 年底，我国已建成赤泥利用生产线 47 条，其中赤泥选铁 22 条、路用材料 5 条、胶凝材料 3 条、粉体材料 2 条、其他 15 条。

三、专利标准持续丰富

（一）新增一批赤泥相关标准

2024 年，新发布团体标准 11 项，见表 2-4。截至 2024 年年底，已发布行业标准 3 项、地方标准 3 项、团体标准 17 项。另有《赤泥回收硅铁粉》《赤泥回收硅铁粉》《赤泥堆场原位生态修复工程技术标准》《赤泥烧结透水路面砖》等行业标准和《河南省赤泥综合利用技术要求》等团体标准正在履行发布程序。

表 2-4　2024 年新增加的 11 项标准

序号	标准名称	标准编号
1	赤泥基胶凝材料	T/JCJJ 092—2024
2	赤泥基轻质土生产与应用技术规范	T/JCJJ 093—2024
3	赤泥化学分析方法 二氧化钛含量的测定 分光光度法	T/HNNMIA 13—2024
4	铝土矿选矿脱硅精矿	T/HNNMIA 48—2024

续表

序号	标准名称	标准编号
5	赤泥物相分析 X-射线衍射法	T/HNNMIA 52—2024
6	赤泥化学分析方法 三氧化二铁含量的测定 重铬酸钾滴定法	T/HNNMIA 58—2024
7	赤泥化学分析方法 三氧化二铝含量的测定 EDTA 滴定法	T/HNNMIA 59—2024
8	赤泥化学分析方法 Al_2O_3、SiO_2、Fe_2O_3、TiO_2、K_2O、Na_2O、CaO、MgO 含量的测定 波长色散 X 射线荧光光谱法	T/HNNMIA60—2024
9	钢铁用赤泥铁粉	T/HNNMIA 61—2024
10	水泥用赤泥钙料	T/HNNMIA 62—2024
11	水泥用赤泥铁质料	T/HNNMIA 63—2024

（二）赤泥相关专利大量涌现

2024 年，中国赤泥综合利用直接相关授权专利新增 101 项，“井喷式”涌现，同比增长 71.2%。其中发明专利 68 项，同比增长 19.3%；实用新型专利 33 项，同比增加了 15.5 倍。2012—2024 年我国各年度新增专利数见图 2-10，2024 年新增专利明细见表 2-5。

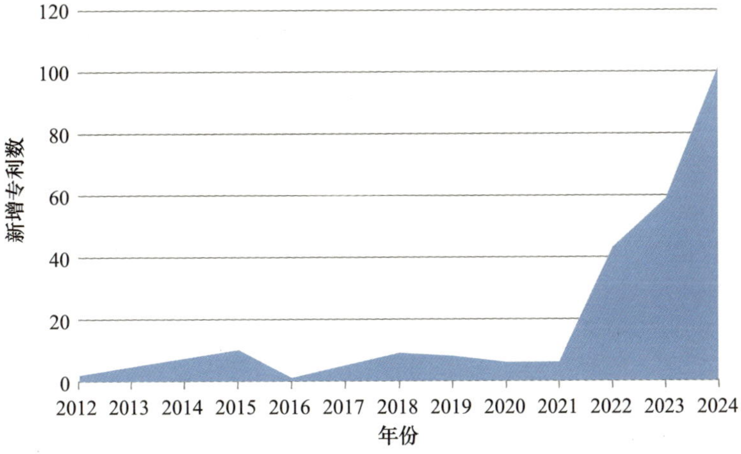

图 2-10　2012—2024 年我国各年度新增专利数

表 2-5　2024 年新增加的 101 项专利

序号	授权公告号	类别	专利名称	专利类型
1	CN 220546617 U	装置	氧化铝生产赤泥分离装置	实用新型专利
2	CN 220547084 U	装置	一种从赤泥中提铁和提砂的装置	实用新型专利
3	CN 220665152 U	装置	一种过滤装置及赤泥回收模拟装置	实用新型专利
4	CN 220579957 U	工艺	一种赤泥堆场边坡排水结构	实用新型专利
5	CN 220633809 U	装置	一种赤泥基固废胶凝材料加工装置	实用新型专利
6	CN 220716187 U	装置	一种移动式赤泥粉磨筛分一体装置	实用新型专利
7	CN 220907336 U	装置	一种赤泥曝气装置	实用新型专利
8	CN 221118125 U	工艺	一种赤泥及赤泥稳定碎石组合式基层路面结构	实用新型专利
9	CN 221257980 U	工艺	一种基于赤泥改性的 PVC 塑料管道	实用新型专利
10	CN 221288199 U	工艺	一种赤泥破碎及上料系统	实用新型专利
11	CN 221287619 U	装置	一种赤泥资源化搅拌溶出装置	实用新型专利
12	CN 221289003 U	系统	一种赤泥综合利用低碳智能化生产系统	实用新型专利
13	CN 221334473 U	装置	一种赤泥资源化研磨装置	实用新型专利
14	CN 221453609 U	装置	一种赤泥冲洗装置	实用新型专利
15	CN 221472982 U	工艺	一种制备炼钢助溶剂的生产线	实用新型专利
16	CN 221523683 U	装置	一种改性赤泥回填利用装置	实用新型专利
17	CN 221565988 U	设备	一种赤泥脱碱综合利用生产设备	实用新型专利
18	CN 221693808 U	装置	一种用于生态土壤化的赤泥脱碱装置	实用新型专利
19	CN 221659607 U	装置	赤泥基固废砖生产装置	实用新型专利
20	CN 221732979 U	装置	一种赤泥加工用搅拌装置	实用新型专利
21	CN 221816152 U	设备	一种赤泥脱碱机	实用新型专利
22	CN 221819047 U	装置	一种应用于赤泥制备生态透水砖的原料搅拌装置	实用新型专利

续表

序号	授权公告号	类别	专利名称	专利类型
23	CN 221953574 U	装置	一种利用赤泥浆制备膏体充填料的装置	实用新型专利
24	CN 221965453 U	装置	一种赤泥基胶凝材料加工用粗磨装置	实用新型专利
25	CN 221966038 U	装置	一种赤泥基胶凝材料加工用筛分装置	实用新型专利
26	CN 221985415 U	装置	一种赤泥基胶凝材料加工用混料装置	实用新型专利
27	CN 222000104 U	装置	一种赤泥基胶凝材料加工用细磨装置	实用新型专利
28	CN 221999682 U	装置	一种改性赤泥建材充填料的生产装置	实用新型专利
29	CN 222020008 U	装置	一种赤泥基路基材料加工筛分装置	实用新型专利
30	CN 222034436 U	装置	一种赤泥制备复合除磷剂混料设备	实用新型专利
31	CN 222152225 U	装置	一种赤泥碾碎提取装置	实用新型专利
32	CN 220317593 U	装置	一种降低赤泥氧化钠含量的处理装置	实用新型专利
33	CN 220530749 U	装置	一种赤泥沉降用沉降槽结构	实用新型专利
34	CN 116063019 A	工艺	一种赤泥基复合掺合料及其制备方法	发明专利
35	CN 116492978 B	工艺	Zn^{2+}改性工业废料赤泥的 ZASGRM 复合材料及其制备方法和应用	发明专利
36	CN 116425462 A	工艺	一种胶凝组合物、免蒸压加气混凝土及其制备方法	发明专利
37	CN 116196884 A	工艺	一种锰活化赤泥催化氧化吸附材料及其制备方法与应用	发明专利

续表

序号	授权公告号	类别	专利名称	专利类型
38	CN 117358245 A	工艺	一种具有壳核结构的赤泥基热催化剂及其制备方法与应用	发明专利
39	CN 117359790 A	装置	一种赤泥胶凝材料制备装置及其使用方法	发明专利
40	CN 116496680 B	工艺	一种防海洋生物附着的碱性赤泥涂层制备方法	发明专利
41	CN 115925370 A	工艺	一种导电再生骨料混凝土及其制备方法与应用	发明专利
42	CN 116410623 B	工艺	一种碳化改性赤泥基疏水混凝土涂料的制备方法	发明专利
43	CN 116949283 A	工艺	一种铅锌挥发残渣与赤泥的综合利用方法	发明专利
44	CN 116730700 B	工艺	一种以赤泥为原料的耐高温硅铝气凝胶复合材料及其制备方法和应用	发明专利
45	CN 117025985 B	工艺	一种利用嗜酸嗜热红藻从赤泥中回收稀土元素的方法及应用	发明专利
46	CN 117534872 A	工艺	一种赤泥基复合沥青抗老化剂、制备方法及应用	发明专利
47	CN 115415292 A	工艺	一种赤泥湿法脱碱方法及处理系统	发明专利
48	CN 116218273 A	工艺	一种改性赤泥及其制备方法和在粉末涂料中的应用	发明专利
49	CN 116239156 A	工艺	一种从赤泥中高效制备具有晶面取向的高纯度 α-Fe_2O_3纳米片的方法	发明专利
50	CN 117430302 A	工艺	一种赤泥脱碱系统及工艺	发明专利
51	CN 115974447 A	工艺	一种赤泥基高抗硫水泥基材料用掺合料及其制备方法与应用	发明专利

续表

序号	授权公告号	类别	专利名称	专利类型
52	CN 116891353 A	工艺	一种可控初凝时间的赤泥粉煤灰地质聚合物凝胶材料及制备方法	发明专利
53	CN 117843011 A	工艺	一种赤泥水热法合成 NaP1 沸石	发明专利
54	CN 115417409 A	工艺	一种多产业固废协同强化赤泥固碳的方法	发明专利
55	CN 117928220 A	装备	一种赤泥基陶瓷产品烧结辊道窑炉	发明专利
56	CN 116177979 B	工艺	一种利用磷石膏与赤泥制备复合膏体材料的方法及应用	发明专利
57	CN 116479236 B	工艺	利用尾矿泥和高铁拜耳法赤泥制备炼钢无氟化渣剂的方法	发明专利
58	CN 117986001 A	工艺	一种基于多元固废的固化剂及其制备方法	发明专利
59	CN 115739008 A	工艺	一种赤泥制备 VOCs 吸附剂的工艺及制备系统	发明专利
60	CN 117736743 A	工艺	赤泥改性生物炭团聚体材料、制备方法及其应用	发明专利
61	CN 115745003 A	工艺	一种用赤泥制备的铁镁铝碳酸根型水滑石材料及其制备方法和应用	发明专利
62	CN 117443914 A	工艺	一种拜耳法赤泥或造纸白泥的无害化处理方法、催化液及催化机械浆的制备方法	发明专利
63	CN 118022605 A	装置	一种赤泥原料预处理混合装置	发明专利
64	CN 116891354 A	工艺	一种速凝的赤泥粉煤灰地质聚合物注浆材料及其制备方法	发明专利
65	CN 115974434 A	工艺	一种基于赤泥的凝胶材料及其制备方法和应用	发明专利

续表

序号	授权公告号	类别	专利名称	专利类型
66	CN 116590000 B	工艺	一种以赤泥为添加剂的压裂支撑剂及其制备方法	发明专利
67	CN 118060042 A	设备	赤泥建材充填料破碎混合设备	发明专利
68	CN 115805085 A	工艺	一种以赤泥为载体合成磁性磺化碳基固体酸的方法	发明专利
69	CN 116395695 A	工艺	一种利用赤泥制备磷酸盐的方法	发明专利
70	CN 118206129 A	工艺	赤泥废弃物制备二氧化硅产品的方法、白炭黑和气凝胶	发明专利
71	CN 117776562 A	工艺	一种含赤泥低碳胶凝材料及其制备工艺及制备设备	发明专利
72	CN 116445664 B	工艺	一种利用赤泥改质转炉钢渣及回收有价组元的方法	发明专利
73	CN 118164779 A	工艺	一种以赤泥为基料的轻质陶瓷砖及生产工艺和应用	发明专利
74	CN 116332512 B	工艺	一种利用赤泥尾渣制备透明玻璃和内含针状晶体微晶玻璃的方法	发明专利
75	CN 116444258 B	工艺	一种利用钢渣与赤泥制备的发泡陶瓷及其工艺	发明专利
76	CN 115921493 A	工艺	一种赤泥中铁铝硅钠综合回收的节能降耗工艺	发明专利
77	CN 116002647 A	工艺	一种以高铁拜耳法赤泥为铁源制备磷酸铁的方法	发明专利
78	CN 116103511 B	工艺	一种利用氧化铝载体废石化催化剂和赤泥熔炼回收镍铁的方法	发明专利
79	CN 118420295 A	工艺	一种赤泥固废基混凝土及其制备工艺	发明专利

续表

序号	授权公告号	类别	专利名称	专利类型
80	CN 118332917 B	装置	一种低强度可调控赤泥路用材料的配合比设计方法及装置	发明专利
81	CN 116103501 B	工艺	钢烟灰和赤泥的协同冶炼方法	发明专利
82	CN 118403636 A	工艺	一种赤泥复合物及其制备方法与应用	发明专利
83	CN 118389157 A	工艺	一种利用赤泥制备重金属污染土壤修复剂的方法及产品	发明专利
84	CN 118222778 A	工艺	一种赤泥与电解铝废阴极协同处理工艺	发明专利
85	CN 115637242 A	工艺	微生物复合菌剂及其制备方法和赤泥原位生物脱碱的方法	发明专利
86	CN 117904429 A	工艺	一种利用赤泥生产钢包精炼渣和铁水的方法	发明专利
87	CN 115818914 A	工艺	赤泥生物脱碱的方法	发明专利
88	CN 115818912 A	工艺	微生物发酵产酸耦合赤泥生物脱碱的方法	发明专利
89	CN 118221125 A	工艺	活化赤泥提取硅及多金属产品的方法	发明专利
90	CN 118666354 A	工艺	一种基于赤泥与钢渣处理脱硫废水的设备及方法	发明专利
91	CN 116474776 A	工艺	一种以赤泥为原料的催化剂制备方法及系统性处理污水的工艺	发明专利
92	CN 118725913 A	工艺	大配比赤泥对煤高效催化气化协同磁化提铁的集成化方法	发明专利
93	CN 118495920 A	工艺	一种赤泥作为瓷土制备原料的应用	发明专利
94	CN 118745103 A	工艺	一种基于赤泥全量化的新型胶凝复合材料及制备方法	发明专利

续表

序号	授权公告号	类别	专利名称	专利类型
95	CN 222119294 U	设备	一种交流节能型赤泥还原电弧炉	发明专利
96	CN 117049490 A	工艺	一种拜耳法赤泥制备磷酸铁联产硅铝复合填料的方法	发明专利
97	CN 118127341 A	工艺	一种回收赤泥中铝资源的方法	发明专利
98	CN 116496590 A	工艺	一种利用赤泥及轮胎废料制备聚氯乙烯密封条材料及其制备方法	发明专利
99	CN 117776561 A	工艺	高钙赤泥多相流反应精馏脱碱固碳制负碳胶凝材料技术	发明专利
100	CN 116716480 A	工艺	一种高酸浸出结晶沉淀法回收赤泥中多种金属的方法	发明专利
101	CN 116589261 A	工艺	一种利用赤泥的改性低收缩低碳胶凝材料及其制备方法	发明专利

四、政策规范更加聚焦

国家相关部门陆续出台专门针对赤泥综合利用的政策、文件、规范等，作出了重要部署，体现了国家对赤泥综合利用的高度重视。

（一）赤泥利用“国字号”方案出台

2024 年 12 月，工业和信息化部联合六部门印发了《赤泥综合利用行动方案》（工信部联节〔2024〕225 号）（图 2-11），该方案是党的十八大以来国家第一个专门针对赤泥的政策性指导文件。方案以全面提高赤泥综合利用水平为目的，提出“到 2027 年，赤泥综合利用取得积极进展，新增赤泥综合利用率达到 15%；到 2030 年，赤泥综合利用水平进一步提升，新增赤泥综合利用率达到 25%，基本形成产业链上下游协同发力、赤泥综合利用量效齐增的可持续发展格局”的两阶段目标；重点围绕源头减量、扩大综合利用规模、技术创新、产业协同、政策支持等五大任务，推动赤泥综合利用；要求加强组织协调、培育骨干力量、完善标准体系、加大宣传引导等保障措施；开展示范工程建设，在赤泥产生重点区域山东、山西、广西、河南，因地制宜布局区域赤泥产业。《行动方案》的发布为赤泥综合利用提供了系统性解决方案，将对引导和推动赤泥综合利用起到更加有效的作用。

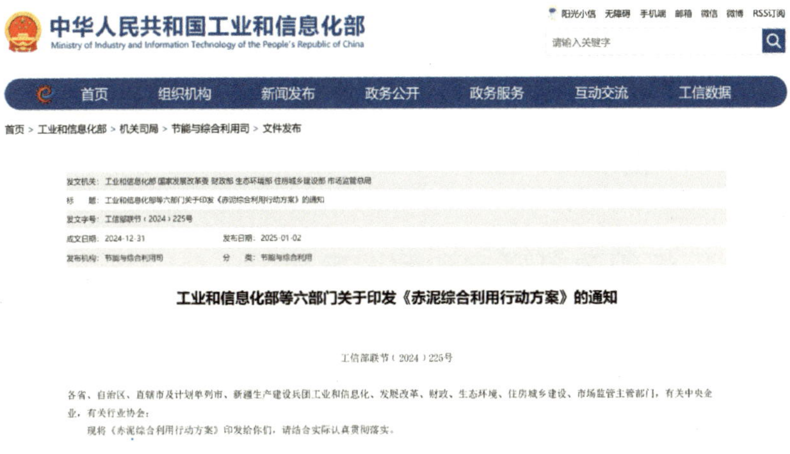

图 2-11　印发《赤泥综合利用行动方案》

（二）两项技术规范征求意见

一是生态环境部发布了《赤泥利用污染控制技术规范（征求意见稿）》。该文件由中国环境科学研究院、广西壮族自治区环境保护科学研究院、中国有色金属工业协会、北京科技大学、生态环境部固体废物与化学品管理技术中心等 5 家单位联合起草，系我国首次针对赤泥利用过程中的污染控制问题制订的技术规范。该文件规范了赤泥利用过程中的污染控制要求，正式发布后将为赤泥在道路利用、回填利用、充填利用以及选铁、水泥熟料生产、其他建筑材料等大规模利用提供规范条件和支撑。

二是交通运输部发布了《公路工程工业废渣应用技术规范（征求意见稿）》，该文件专设了“赤泥路基和基层”章节，为赤泥在交通领域大规模规范利用，开辟了通道，提供了支撑。

（三）一项施工技术标准征求意见

住房城乡建设部发布的《赤泥堆场技术标准（征求意见稿）》正在征求意见。

五、行业协会创新突围

（一）组织政策研究和解读宣贯

受工业和信息化部委托，协会组织了来自政府、企业、院所等高水平的专家团队，分析了大量历史文献资料，开展了多次交流考察、调研座谈和深入研究等（图 2-12），完成了赤泥综合利用政策研究报告。该报告从政策环境、法律法规、规范标准、技术专利、应用示范等方面，系统梳理总结了现状、存在的问题和难点，提出了针对性的措施和建议。

《行动方案》发布后，协会立即组织了解读和宣贯。协会党委书记、会长葛红林第一时间接受记者专访，并做了题为“举全

图 2-12　专家研讨会

社会之力，攻克全球难题——《赤泥综合利用行动方案》落地见效”的解读，从《行动方案》出台的背景、行动方案提出的两阶段目标可行性、全行业应在哪些方面发力以及行业协会将如何抓落地见效等方面，进行了阐述。中铝集团段向东董事长以“强化赤泥综合利用创新发展，助推国内铝工业绿色转型”为题、中国工程院院士姜涛以“推进赤泥综合利用工作，助力铝工业绿色可持续发展”为题、中国环境科学研究院院长席北斗以“科技创新赋能，提质增效助推赤泥综合利用”为题等，也分别从各自角度对《行动方案》进行了解读。

为进一步落实《行动方案》，强化宣传引导、加强工作交流，推动赤泥综合利用水平持续提升，2025 年 1 月 14 日至 15 日，赤泥综合利用现场会在山东淄博召开。工业和信息化部节能与综合利用司、有关省市工业和信息化主管部门、中国有色金属工业协会、高校、研究机构、氧化铝生产企业及赤泥综合利用企业代表 230 余人参加会议（图 2-13）。

图 2-13　赤泥综合利用现场会（山东淄博）

（二）首次发布了赤泥在钢铁行业应用白皮书

2024 年 3 月，协会组织在广西百色召开了赤泥综合利用现场交流会，会议邀请了来自政府、协会、研究机构和院所、产生利用企业等代表参会。会上，协会党委书记、会长葛红林做了“攻坚克难，久久为功，变碱山红水为绿水青山和金山银山”的致辞（图 2-14）。

会议公开发布了《赤泥绿色利用百色实践及钢铁行业应用前景》白皮书，白皮书结合大量行业调研、国家和企业数据，重点回顾了全国赤泥综合利用现状，列举了赤泥选铁工艺，梳理了赤泥氧化铁粉在钢铁行业的应用方向，分析了赤泥氧化铁粉的应用潜力及应用优势，提出了钢铝融合未来的发展展望等（图 2-15）。

图 2-14　葛红林在赤泥综合利用现场交流会致辞

图 2-15　赤泥综合利用现场交流会（广西百色）

（三）首次在境外组织了赤泥综合利用国际论坛

2024 年 11 月，由中铝集团和力拓集团发起，协会联合国际铝业协会，首次在境外——法国里昂召开了“2024 赤泥综合利用国际论坛”，这也是目前全球唯一专题研究赤泥的国际化交流平台。论坛以“绿色、创新、合作”为主题，邀请了 10 多位来自高等院校、企业及行业专家，围绕赤泥价值利用、中高铁赤泥的综合利用、多固废协同材料应用、赤泥绿色低碳增值资源利用等作了专题演讲。论坛吸引了全球 17 个国家和地区的 100 多名代表参会，得到全球高度关注。在论坛上，协会党委书记、会长葛红林做了“创新引领 合作赋能，推进全球赤泥综合利用再上新台阶”的致辞（图 2-16），协会赤泥推进办主任王吉位做了“赤泥综合利用进展”的主旨报告。

图 2-16　葛红林在 2024 赤泥综合利用国际论坛致辞

（四）全面开启了首批赤泥综合利用联合攻关项目

协会首次从应用场景出发，以“揭榜挂帅”方式组织开展赤泥综合利用关键技术攻关，通过宣传发动、组织申报、专家评审等，层层筛选，最终选出 7 项有代表性的项目进行了立项研究（图 2-17）。2024 年 3 月，在广西百色现场交流会上，公开与各项目单位签订了“联合攻关任务书”，明确了研究方向、成果及进度目标，全面正式开启了首批联合攻关项目（表 2-6 和图 2-18）。这也是协会第一次采用联合攻关方式推进关键技术突破。

中国有色金属工业协会文件

中色协再生字〔2024〕10 号

关于公布首批赤泥综合利用联合攻关项目实施单位的通知

各有关单位：

为了加快攻克赤泥绿色利用共性难点问题，中国有色金属工业协会（以下简称协会）创新工作方式和服务模式，以“揭榜挂帅”形式，开展赤泥综合利用联合攻关，发布了开展首批赤泥综合利用联合攻关项目申报的通知，得到行业内外有关企业和单位的积极响应。在各相关单位揭榜的基础上，经形式审查、专家评审，同意 7 个联合体承担首批赤泥综合利用联合攻关 6 个项目并组织实施（见附件 1），协会分别签订任务书（见附件 2）。

希望联合体单位、项目负责人以及攻关团队按照申报指南的要求，不负重托、齐心协力完成各项攻关任务和设定目标，为赤泥综合利用发展做出表率。赤泥推进办将及时跟踪联合攻关项目进展情况，为各项目攻关提供全过程服务，确保联合攻关项目实现预期攻关目标。

附件：1. 首批赤泥综合利用联合攻关项目实施单位名单
　　　2. 赤泥综合利用联合攻关项目任务书

中国有色金属工业协会
2024 年 1 月 18 日

图 2-17　首批联合攻关项目

表 2-6　首批赤泥综合利用联合攻关项目实施单位名单

序号	项目名称	实施单位	负责人	年限	项目完成/考核指标
1	赤泥分质调控生产基体复合材料关键技术攻关及应用示范	中铝山东有限公司 山东山铝环境新材料有限公司	范文峰	2 年	开发赤泥分质调控生产基体复合材料技术装备 1 台套；建成赤泥分质调控生产基体复合材料工程示范 1 项；符合应用领域对原料或产品质量控制要求，完成产品在相关应用领域的环境评价；赤泥粉体材料中水分低于 22%、堆积密度小于 2.1kg/L；胶凝材料中赤泥掺量≥50%、3 天强度≥15MPa、7 天强度≥22.5MPa；从设备选型、能耗、碳排放等方面对资源环境、技术经济指标分析，技术经济性分析报告符合可研报告深度；建立工艺技术操作规程，申请专利 5 件以上，形成国家、行业、地方或团体标准及规范征求意见稿或正式发布 5 项以上
2	赤泥基回填材料制备关键技术研发与回填工程示范	北京科技大学 山西森泽能源科技集团有限公司 河北文丰新材料有限公司 中煤科工开采研究院有限公司 中国环境科学研究院	刘晓明	3 年	建立制备赤泥基回填材料产业化示范线 1 条，回填材料赤泥掺加量不低于 45%，满足回填技术和环保要求；开展不少于 18 万立方米回填量回填工程验证；进行资源环境、技术经济指标分析，技术经济性分析报告符合可研报告深度；建立生产技术规程、施工与操作规程、环境影响控制方法等，申请专利 2 件以上，形成国家、行业、地方或团体标准及规范征求意见稿或正式发布 2 项以上

续表

序号	项目名称	实施单位	负责人	年限	项目完成/考核指标
2	赤泥基回填材料制备关键技术研发与回填工程示范	山东鲁北企业集团总公司 山东海逸生态环境保护有限公司	冯怡利	2 年	建立制备赤泥基回填材料产业化示范线 1 条，回填材料赤泥掺加量不低于 45%，满足回填技术和环保要求；开展不少于 18 万立方米回填量回填工程验证；进行资源环境、技术经济指标分析，技术经济性分析报告符合可研报告深度；建立生产技术规程、施工与操作规程、环境影响控制方法等，申请专利 2 件以上，形成国家、行业、地方或团体标准及规范征求意见稿或正式发布 2 项以上
3	赤泥基建筑陶瓷材料制备关键技术研发及应用示范	中铝山东有限公司 北京科技大学	高建阳	3 年	建设 50 万吨/年以上赤泥陶粒骨料产业化生产线 1 条，300 万平米/年以上建筑陶瓷产业化生产线 1 条，陶粒中赤泥掺加量不低于 50%，建筑陶瓷中赤泥掺加量不低于 45%，符合应用领域产品质量控制要求，完成产品在相应应用领域的工程示范及环境评价；技术经济性分析报告符合可研报告深度；申请专利 3 件以上，形成国家、行业、地方或团体标准及规范征求意见稿或正式发布 2 项以上

续表

序号	项目名称	实施单位	负责人	年限	项目完成/考核指标
4	赤泥多元素回收与全量化利用关键技术研发及工业试验	东大有色固废技术研究院（辽宁）有限公司 东北大学 云南九州昊成环保科技集团有限公司 辽宁科技大学 沈阳铝镁设计研究院有限公司	张廷安	3 年	建立赤泥多元素回收与全量化利用工业化试验线 1 条；广西堆积型铝土矿氧化铝生产碱耗降低 90%，赤泥中氧化铝回收率大于 40%（赤泥含碱低于 1%）；赤泥中含铁物相转化为磁性富铁相，磁选回收效率大于 60%；低碱赤泥实现土壤或水泥全量化利用，在水泥原料中添加比例达到 50%；从设备选型、能耗、碳排放等方面对资源环境、技术经济指标分析，技术经济性分析报告符合可研报告深度（按照氧化铝生产 40 万吨规模计算）；建立工艺技术操作规程，形成覆盖攻关内容的技术专利与标准申请方向
5	赤泥低碳脱碱及同步回收其他有价金属关键技术研究及应用	东北大学 东北大学设计研究院 山东创源新材料科技有限公司	潘晓林	2 年	建立低碳脱碱工业化试验线 1 条，处理后赤泥尾渣 Na_2O 含量降低至 0.5% 以下，规模不小于年处理 50 万吨干基赤泥量，尾渣利用产品不少于 2 种，产品符合相关应用标准；从设备选型、能耗、碳排放等方面对资源环境、技术经济指标分析，技术经济性分析报告符合可研报告深度；建立工艺技术操作规程，形成覆盖攻关内容的技术专利与标准申请方向
6	创新产业发展模式及赋能赤泥绿色利用产业化路径研究	中铝郑州有色金属研究院有限公司 有色金属技术经济研究院有限责任公司	刘中凯	3 年	初步形成创新产业发展模式，赋能赤泥绿色利用路径，指导 1-3 个典型项目建设；形成全国性研究报告 1 份；发表学术论文 1 篇以上

图 2-18　联合攻关项目签约仪式（广西百色）

协会赤泥推进办在过程中，密切跟踪，加强协调，及时调整，过程评估。赤泥基回填材料制备关键技术与环境评估等完成阶段目标项目后，及时组织了专家论证（图 2-19）。

图 2-19　赤泥综合利用联合攻关项目专家审查会

2024 年 7 月，协会赤泥推进办组织现场会议，听取了所有项目的进展汇报（图 2-20）；12 月对所有项目进行了集中跟踪和总结。

图 2-20　联合攻关项目汇报会

（五）持续发布年度赤泥综合利用发展报告

2024 年，发布了《2023 赤泥综合利用发展报告》，报告在全面总结赤泥综合利用发展概况的基础上，从更全面的视角，系统阐述了产品体系、产业体系、服务体系的基本情况、发展现状、发展特点和典型案例，针对三大体系建设提出了发展建议。同时，报告对赤泥综合利用的典型示范企业进行了展示，以供交流和借鉴。

自 2021 年首次发布赤泥综合利用发展报告以来，目前已连续三年发布。

（六）首次明确提出了赤泥综合利用五大应用领域

协会赤泥推进办成立以来，梳理了全球范围内经典案例和研究成果。欧洲从 19 世纪 60 年代开始研究赤泥利用，研究赤泥回收铁、用赤泥修筑厂区道路和堤坝、生产水泥以及赤泥胶凝材料，制备了赤泥低聚物等；中铝山东有限公司 1958 年就建成了以赤泥为原料的水泥厂，后续各氧化铝企业也因地制宜开展了赤泥利用。

根据典型案例研究，结合关键技术成果，进一步凝练后，协会首次正式公开提出推动赤泥大规模低成本综合利用的五大应用领域，分别是矿物提取、胶凝材料、建陶材料、路用材料、粉体材料。

协会进一步系统总结，推动赤泥综合利用的“三大体系”建设，即产品体系建设、产业体系建设和服务体系建设，更加清晰了赤泥综合利用的路径和发力方向。“5 + N”产品体系建设是赤泥应用方向，包括矿物提取、胶凝材料、建陶材料、路用材料、粉体材料及其他领域；“赤泥 +”产业体系为赤泥应用场景，重点是“赤泥＋钢铁”、“赤泥＋建材”、“赤泥＋交通”、“赤泥＋粉体”及“赤泥＋其他”；服务体系建设是指政府引导、行业推动、媒体发动及社会各界协同等，破解世界性难题，需社会各界形成合力，久久为功。

（七）首次公开了赤泥综合利用行业排名

结合协会建立的赤泥数据库信息，配合《行动方案》指标落实，协会首次公开发布了各地区、各企业赤泥综合利用量、综合利用率的行业排名，得到各地热烈反响，同时极大的促进了各氧化铝企业、各地区赤泥综合利用的积极性和主动性。

六、重点地区和企业示范引领

山东省是中国氧化铝大省，产能全国排名第一，省内拥有中铝山东、魏桥集团、信发集团等大型知名氧化铝企业。山东省一直高度重视赤泥综合利用工作，成立省工作专班，省工信部门牵头会同省发展改革委、省财政厅等 8 部门建立山东省工业领域循环经济发展工作协调机制，统筹协调包含赤泥在内的大宗工业固废综合利用存在的机制问题。山东省坚持“统筹联动、政策带动、项目推动、创新驱动”四位一体同步推进，建立了问题和措施台账、政策清单。2024 年，山东省赤泥综合利用量 592 万吨，全国排名第一，综合利用率已超 15%，省内中铝山东、魏桥集团的利用率已超 25%。

广西壮族自治区把铝产业作为支柱产业，境内 7 家氧化铝企业总产能 1750 万吨，产能全国排名第三。由自治区生态环境厅牵头成立赤泥综合利用工作专班，统筹各方力量，聚力突破铝产业发展瓶颈，构建了“政府推动、政策驱动、资金撬动”的多维支持体系，通过“政、企、技、研”多方协作，开展了特色化赤泥综合利用，赤泥综合利用成效显著。2024 年，广西壮族自治区赤泥综合利用量 303 万吨，全国排名第二，利用率已超 15%。

河南省公布了由中铝中州为依托的“河南省赤泥高值化综合利用工业性试验验证平台”，要求聚焦“应用验证”环节，搭建研制与产业化间桥梁，打通创新到应用瓶颈，强化服务功能，加快科技成果产业化应用。

中铝集团组织所属郑州研究院和氧化铝企业、中铝环保等持续推进赤泥利用攻关，成立了赤泥综合利用领导小组，出台《赤泥综合利用行动方案》，组织所属 11 家大型氧化铝骨干企业，“一企一策”开展赤泥绿色利用。

魏桥集团“因地制宜”开展了赤泥选铁，选铁规模全国第一；联合中南大学等高等院校，开展氧化铝源头减量化工业试验，给赤泥综合利用企业创造有利条件，鼓励各种技术的利用试验。

中铝山东是“中国氧化铝工业的摇篮”，也是我国最早开始赤泥综合利用的企业，1954 年就成立了赤泥综合利用研究机构，1958 年建成了国内第一条利用赤泥生产水泥的生产线，承担了国家多项有关赤泥综合利用的研究课题，企业专利、技术多，产线、产品有特色，建立“专班推进、政企联动”机制，坚持以市场为导向，销研产用结合，提高产品竞争力，并确定了“赤泥资源化全利用”目标。2024 年，中铝山东赤泥综合利用率已达 37.3%。

中铝中州获批成立焦作市赤泥综合利用产业研究院，聚集河南大学、中铝郑研院、中铝智能等高校、科研院，发挥河南省赤泥高值化综合利用工业性试验验证平台优势，积极开展赤泥消纳和综合利用研究。

七、专业化队伍不断壮大

（一）科研院所

赤泥综合利用是全球关注的热点领域，国内外越来越多的高等院校和研究机构围绕赤泥的减量化、资源化、生态化利用开展了系统性研究。

国内方面，北京科技大学围绕赤泥全组分材料化利用，研究赤泥与工业固废协同制备建筑材料、胶凝材料，成果获中国有色金属工业科学技术奖一等奖。中南大学围绕赤泥源头减量和元素利用，牵头国家重点项目“铝土矿拜耳法溶出赤泥源头减量技术及大规模示范”，优化赤泥产生工艺，降低矿耗和赤泥产出率。中铝郑州有色金属研究院围绕赤泥工业化应用技术，针对高铁高硫铝土矿，研发赤泥提质利用技术，推动选铁生产线建设；开展赤泥胶凝材料、路基材料等示范工程，提升赤泥规模化利用水平。

国外方面，据公开资料显示，欧盟研究机构（如希腊铝业、力拓集团合作项目）围绕全生命周期管理与跨行业合作，资助ENEXAL、RemovAL 等项目，研究赤泥制备低碳水泥和道路材料；推动赤泥在农业环境工程（如土壤修复）中的应用试点。比利时鲁汶大学围绕赤泥建材化利用，研究赤泥在不同温度下的胶凝特性，开发低二氧化碳排放水泥产品，推动赤泥在建筑行业的标准化应用。德国马克斯普朗克研究院（Max Planck Society）围绕赤泥金属资源回收，利用氢等离子体电弧炉还原赤泥中的氧化铁，实现铁的高效提取，研究赤泥在冶金领域的低碳化应用技术。日本经济产业省（METI）及相关高校围绕赤泥制备水泥与陶瓷，提供补贴支持赤泥基水泥技术商业化，优化赤泥脱碱工艺；探索赤泥在陶瓷工业中的替代原料应用。澳大利亚昆士兰科技大学，围绕赤泥纳米材料改性，与陕西科技大学合作，通过水热法在赤泥表面原位生长 NiOOH 纳米层，显著提升吸附性能，探索赤泥在新能源材料（如催化剂载体）中的应用潜力。

（二）专业化利用企业

近年来，越来越多的利用企业加入到赤泥综合利用队伍，或与氧化铝企业合作，或与科研院所合作，不断推动赤泥综合利用大规模、低成本利用技术的突破，规模的扩大，拓展产品体系，量效齐增。

云南九州昊成环保科技集团有限公司是云南省“高新技术企业”，拥有发明及实用新型专利 40 余项，旗下企业处理赤泥能力约 1500 万吨/年，已累计减排赤泥 1000 万吨。已建成处理规模为 130 万吨/年、240 万吨/年的中高铁赤泥处理生产线，减排率达 30%；规划建设处理规模为 220 万吨/年的中高铁赤泥处理工厂一座，采用多组分高效循环综合利用技术，实现 Fe、Al、Ca、Na 等综合回收利用，减排率约 80%，预计 2025 年 8 月投产。同时，针对赤泥黏度大、粒度细、组分复杂多变的特点以及强碱特性，公司先后研发出 XHY-6000 矿化流膜选矿机、XHY-1500 型螺旋选矿机、XHY-1200 型螺旋选矿机、流膜诱导力场磁选机、矿化设备及沉降溜槽等设备。

山东海逸生态环境保护有限公司在赤泥综合利用方面主要开展了赤泥基混凝土护坡砖、路面砖等建材制品的制备应用及赤泥基工程填筑材料的生产应用。在赤泥基混凝土护坡砖、路面砖方面，公司共生产各类建材 3 万余件，利用赤泥约 1500 吨；在赤泥基工程填筑材料方面，主要用于滨州魏桥海逸厂区厂房、装卸车场地、场坪的垫层、厂内道路路基及底基层等工程填筑，利用赤泥共计约 2 万吨。

山西创泽环保科技有限公司投资 3000 万元，采用磁选、重选、浮选工艺相结合，用中铝兴华科技排放赤泥选铁，每年可以处理赤泥 200 万吨，实现铁粉产量 60 万吨，并取得一项发明专利，一项实用专利，申报一项实用专利。公司计划再投资 5000 万 ~8000 万元，打造赤泥综合利用的金属钛、高铝钙、水泥矫正剂、高精度铁粉、赤泥预制建材等项目的固废利用综合体。

八、新闻媒介热度飙升

“中国赤泥综合利用”微信公众号重点传播赤泥综合利用知识，介绍国内外赤泥综合利用先进技术及应用示范及典型案例，宣贯国家政策法规、标准规范等，2024 年公众号发文 89 篇，已受到 2588 人关注。

2024 年，赤泥综合利用得到新华社、经济日报、人民网、新浪财经、中国环境报、中国有色报、中国冶金报、中国建设报等新闻媒体的时效报道 16 篇，得到多家网络平台转载，话题热度不断提升。

第三章　赤泥综合利用行动方案及解读

一、赤泥综合利用行动方案[①]

赤泥是氧化铝工业产生的主要固体废弃物，产生、堆存量较大。做好赤泥综合利用，对保护生态环境、提升工业资源综合利用水平具有重要意义。为贯彻《中华人民共和国固体废物污染环境防治法》，落实《“十四五”工业绿色发展规划》《关于加快推动工业资源综合利用的实施方案》，提升赤泥综合利用水平，制定本行动方案。

（一）总体要求

以习近平新时代中国特色社会主义思想为指导，全面贯彻党的二十大精神，深入贯彻习近平生态文明思想，落实全国新型工业化推进大会部署要求。立足新发展阶段，完整、准确、全面贯彻新发展理念，构建新发展格局，统筹发展与安全，以全面提高赤泥综合利用水平为目标，强化创新驱动，着力推动赤泥源头减

① 2024 年 12 月 31 日，工业和信息化部等六部门联合发布《赤泥综合利用行动方案》（工信部联节〔2024〕225 号）。

量，提升可利用性，提高综合利用能力，扩大综合利用规模，丰富综合利用场景，强化政策支持和要素保障，助力赤泥综合利用产业和氧化铝产业绿色协同发展。

——坚持创新引领。以产业需求为导向，统筹创新体系建设、创新能力培育、关键技术研发和应用推广，大力培育新质生产力。以技术创新为基础，持续推动模式创新、产品创新和应用领域创新，推动赤泥综合利用量效齐增。

——坚持系统推进。聚焦氧化铝生产，以及赤泥综合利用产品生产、应用各环节，强化产业链上下游协同。积极推动赤泥综合利用跨行业协同、跨区域协同、区域内协同。探索多固废协同利用。强化赤泥综合利用信息共享，多角度发力，形成赤泥综合利用工作合力。

——坚持市场主导。充分发挥市场在资源配置中的决定性作用，强化氧化铝生产企业主体责任，发挥赤泥产品应用重点领域企业作用。更好发挥政府作用，加强规划政策标准引导，助力行业规范、可持续发展。

到 2027 年，赤泥综合利用取得积极进展。赤泥源头减量、低成本降碱等关键技术取得突破，赤泥综合利用产能与氧化铝产能更加匹配，赤泥选铁、赤泥基建材等主要综合利用产品应用规模得到提升，制定一批赤泥污染防治、综合利用领域的标准，培育一批以赤泥综合利用为特色的园区和骨干企业，建设一批赤泥综合利用产业化示范工程。新增赤泥综合利用率达到 15%。

到 2030 年，赤泥综合利用水平进一步提升。赤泥性质调控、规模化利用等技术进一步突破，行业创新发展能力明显增强，产学研用协同紧密、创新效率显著激发的技术创新体系基本形成。赤泥综合利用产业与氧化铝产业协同更为紧密，综合利用产品更加丰富，应用场景得到拓展。覆盖赤泥综合利用各环节、各领域的标准体系更加完善。基本形成产业链上下游协同发力、赤泥综合利用量效齐增的可持续发展格局，新增赤泥综合利用率达到25%。

（二）做好赤泥产生阶段管控

（1）推动赤泥源头减量。依法实施氧化铝生产企业清洁生产审核。做好矿石采购时的质量管控，提高铝土矿入厂品质。鼓励氧化铝生产企业加大技术改造力度，应用赤泥产生量较低的工艺路线和技术装备，降低赤泥产出率。推动工业互联网、大数据、云计算、人工智能等新一代信息技术与氧化铝生产过程深度融合，做好溶出阶段反应时间、温度、碱度等技术参数控制，提高溶出率，降低赤泥产生量。

（2）源头提升赤泥可利用性。强化赤泥产生过程管理，做好矿石预均化，以及分选加工的精细化控制等，提升赤泥成分稳定性。做好赤泥堆存前处理，鼓励实施赤泥在线降碱，降低赤泥中碱含量；鼓励通过无热干化工艺，降低赤泥含水率。做好赤泥分质分类贮存，为后续综合利用创造便利条件。

（三）推动赤泥综合利用扩容增量

（1）扩大现有途径利用规模。鼓励提取赤泥中的铁、铝、钙等元素，推动利用赤泥生产氧化铁粉、硅铁粉、硅铝粉、高钙铝粉、铝铁粉等产品。鼓励钢铁企业在配矿冶炼、烧结球团、铁矿石脱磷、化渣等环节，以及短流程炼钢等领域使用赤泥及其综合利用产品。鼓励将铝铁粉等产品应用于填料等领域。在保证产品质量和安全环保等要求的基础上，支持利用赤泥生产烧结砖、免烧砖、路面砖、草坪砖、透水砖。推动赤泥改性用于生产路基材料、路面材料、地基场坪等产品。聚焦提铁、工程建设等赤泥利用规模较大的重点领域，以及氧化铝生产企业集中、赤泥产生量较大的重点地区，加快建设一批产业化示范项目，形成一批赤泥规模化利用的典型方式。

专栏：赤泥综合利用产业化示范工程

山东。依托淄博工业资源综合利用基地，以及滨州、聊城、烟台等赤泥重点产生地区，开展赤泥制备粉体材料产业化示范，发展赤泥提取铁精粉、钛铁混合粉、碱液、三氧化二铝富集粉和水泥添加剂胶凝材料等综合利用产品。

山西。依托运城、忻州、吕梁、晋中等赤泥重点产生地区，发展赤泥制高档烧结玻化墙材、陶瓷砖、矿渣微粉，鼓励赤泥提取铁精粉、金属镓等，推动开展赤泥制备充填材料中试。

广西。依托百色工业资源综合利用基地、防城港大宗固废综合利用基地，以及北海等赤泥重点产生地区，发展赤泥提铁，开展赤泥多元素提取、制备路基材料实验和土壤化利用示范。

河南。依托郑州、焦作工业资源综合利用基地，以及洛阳、三门峡等赤泥重点产生地区，发展赤泥提铁，开展赤泥制建筑材料、胶凝材料实验。

（2）发展赤泥综合利用产品。鼓励赤泥在铁质矫正剂、混凝土、回填充填材料、地质聚合物等产品生产中的应用。推动利用赤泥生产陶粒、陶瓷、建筑模板、人工砂、新型岩棉、微晶玻璃、工程预制件，以及装配式建筑材料。推动利用赤泥生产脱硫剂、复合净水剂、充填剂、活性载体、颜料、染料等化工产品，以及硅肥、土壤调理剂、生态修复材料等土壤用产品。

（3）拓展赤泥综合利用新场景。探索利用赤泥提取镓、钛、钪、钒等稀有金属。发展赤泥改性土壤化利用，并对赤泥中重金属含量以及改良后的土壤重金属含量进行监测，避免造成土壤污染。逐步扩大赤泥及其综合利用产品在无机填料、油品提炼、烟气治理、污水治理等领域的使用规模，支持有条件的地区因地制宜在回填、充填工程、海洋工程建设等领域开展赤泥综合利用试点，逐步形成一批赤泥规模化利用新领域。

（四）系统提升技术创新能力

（1）加快关键共性技术攻关。加大对赤泥化学成分、物相特性、结构特征等方面的基础研究。探索优化氧化铝生产工艺，开发非石灰拜耳法溶出技术、赤泥形成过程铁硅矿物差异化结晶解离技术等，推动源头减少赤泥产生。发展赤泥性质调控技术，重点研究赤泥水分、黏度、碱度、元素赋存形态调控等方面。发展钙法赤泥脱碱技术，探索突破碳化法、酸法赤泥脱碱技术，着力降低处理成本。开发赤泥干化、筛分等技术装备，为分类、分级、分质利用打好基础。加快研究微细粒磁化与捕集等关键技术，探索使用低温磁化焙烧、还原熔炼、液相还原、矿浆电解等工艺进行提铁，提升赤泥铁元素回收率。聚焦高温烧成、低温固化等工艺环节，优化赤泥基胶凝材料、回填充填材料制备技术，提升赤泥掺量。加快研究低成本赤泥基路用材料固化、激发助剂，为扩大赤泥在道路工程建设领域的利用规模打好基础。

（2）完善赤泥综合利用创新体系。支持氧化铝生产企业、赤泥综合利用企业、综合利用产品使用企业和高校、科研机构等加强合作，强化赤泥产生到利用各环节的科研人才交流，推动形成合力，助力技术攻关。推动建设赤泥综合利用实验室、研究中心，为赤泥综合利用理论研究和技术创新提供支持。鼓励建设赤泥综合利用技术中试验证平台和产业化孵化平台，有效促进赤泥综合利用科研成果转化。

（五）推动产业统筹布局协同发展

（1）统筹布局赤泥综合利用产能。有关地区应结合氧化铝产业发展趋势，合理布局赤泥综合利用产业，新建氧化铝项目应配套建设相应的赤泥综合利用能力。加强对氧化铝项目投资建设工作的指导，做好氧化铝项目建设动态监测。强化落实氧化铝企业主体责任，鼓励探索“产用挂钩”等方式，推动企业加快赤泥源头减量和综合利用。

（2）强化赤泥综合利用产业协同。引导氧化铝生产企业、赤泥综合利用企业与钢铁、化工、建材、交通等赤泥综合利用产品应用的重点行业企业加强合作，建立协作机制，推动后端赤泥综合利用产品使用需求向前端赤泥产生、中端赤泥综合利用产品生产等环节延伸。推动多固废协同利用，鼓励将赤泥与厂区内、园区内粉煤灰、脱硫石膏等固废协同利用，生产建筑材料等产品，回用于厂区、园区、地区建设。立足区域供需关系和产业结构，积极推动赤泥综合利用跨地区协同合作。鼓励建设赤泥综合利用信息共享平台，从赤泥产生与储存、组成成分、性质特点等方面，推动全口径信息共享，为赤泥综合利用产品生产、赤泥及其综合利用产品交易等提供支持。

（六）强化综合利用产业发展保障

（1）加强工作组织。河北、山西、山东、河南、贵州、云南、内蒙古、广西、重庆等赤泥产出地区应立足本地上下游产业特点，结合实际出台配套政策，落实行动方案有关要求，压实属地责任。氧化铝生产企业应强化主体责任，结合自身特点，一企一策制定赤泥综合利用方案，明确目标和重点任务，制定时间表、路线图，强化方案落实，积极提升赤泥综合利用水平。强化部门协同和部省联动，推动资金、政策和重大项目有效衔接。有关部门要按职责督促重点企业落实工作方案，工业和信息化主管部门要发挥牵头抓总作用，做好工作调度，定期汇总梳理工作开展情况，以及赤泥产生、利用情况，有关进展及时上报。

（2）培育骨干力量。深入推进氧化铝企业集聚、赤泥产生量较大地区的工业资源综合利用基地，以及大宗固废综合利用基地建设。鼓励赤泥产生地开展“无废城市”建设，鼓励有关园区、企业积极创建“无废园区”“无废企业”，提高就地资源化利用效率。培育一批赤泥综合利用领域的制造业单项冠军、专精特新中小企业。推动形成一批赤泥综合利用产品知名品牌，提升在下游应用领域的行业影响力。

（3）完善法规标准。研究制定工业资源综合利用管理办法，进一步强化赤泥综合利用管理。立足各地氧化铝产业特点，结合铝土矿成分、生产工艺流程和技术特点等，系统研究赤泥分类。聚焦元素提取、路用材料、建筑材料、充填材料、土壤改良材料等重点领域，丰富赤泥综合利用产品标准。围绕赤泥预处理，污染防治，综合利用产品设计、生产、应用、使用维护、检验检测和碳减排核算等方面，研究制定相关标准和技术规范，着力构建上下游相互贯通、紧密衔接的赤泥综合利用标准体系。加快将行业急需、先进适用的关键共性技术、先进生产工艺、通用试验方法等科技创新成果转化为标准。鼓励制定具有行业引领作用的企业标准、团体标准，适时制定赤泥综合利用相关行业标准、国家标准，推动典型产品、典型应用模式进一步扩大使用范围。有关企业应在研发、生产、管理等环节对标达标，积极推动标准应用与推广。

（4）加大支持力度。聚焦赤泥综合利用技术研发、产品生产及应用的重点领域，鼓励有关地区对项目建设予以支持。适时更新发布《国家工业资源综合利用先进适用工艺技术设备目录》，强化供需对接，加快赤泥综合利用先进工艺技术设备推广应用。积极推动赤泥综合利用企业实施技术改造。落实资源综合利用税收优惠政策。发挥国家产融合作平台作用，引导金融机构对赤泥综合利用项目提供信贷融资支持。探索“股贷债保”联动，鼓励社会资本积极参与赤泥综合利用，充分利用现有资金渠道加强对赤泥综合利用技术研发和项目建设的支持。支持赤泥综合利用首台（套）重大技术装备以及产品研发。根据赤泥建材产品相关标准建设和产业发展情况，适时研究对赤泥建材产品的政府采购支持政策。鼓励赤泥主要产生地在市政工程等项目建设中使用赤泥综合利用产品。

（5）强化宣传引导。有关行业协会、企业应加大对赤泥综合利用的宣传力度，定期组织行业会议、技术成果交流、应用场景示范、典型案例推荐等专题活动，积极宣贯产业政策，交流技术成果，增进行业共识，宣传赤泥的资源属性和可安全利用的观念，推动形成有利于赤泥综合利用的良好社会氛围。鼓励开展赤泥综合利用领域国际交流与合作。

二、专家解读

强化赤泥综合利用产业创新发展，[①] 助推国内铝工业绿色转型

中铝集团党组书记、董事长 段向东

近日，工业和信息化部等部门联合印发《赤泥综合利用行动方案》（以下简称《行动方案》），立足赤泥利用产业发展现状，从技术、市场、标准和产业体系等角度提出了系统性推动方案，方向明确、内容全面、翔实具体，具有较强的指导性和可操作性。该方案的发布，对推动我国赤泥综合利用水平提升，引领国内铝行业绿色可持续发展具有重要意义。

（一）《行动方案》谋划设计系统有序、层级递增目标合理

赤泥是氧化铝生产过程中产生的主要固体废弃物，呈碱性，全球库存量已超过 35 亿吨，新增约 2 亿吨/年，利用率小于 4%，我国每年新增约 1 亿吨/年，2023 年利用率不足 10%。推动赤泥规模化高效利用一直是世界性难题。

《行动方案》的发布是深入贯彻习近平生态文明思想，落实全国新型工业化推进大会部署要求的具体举措。立足于新发展阶段，完整、准确、全面贯彻新发展理念，统筹发展和安全，以全面提高赤泥综合利用水平为目标，强化传统产业创新驱动，推动

① 2025 年 1 月 3 日，《中国有色金属报》。

构建铝工业绿色发展新格局。

“十四五”以来，我国积极推动赤泥综合利用，在回收有价金属、生产建筑材料、胶凝材料、修复材料、路基材料以及化工材料等领域，初步形成多路径、多领域的综合利用方式。《行动方案》从推动赤泥源头减量、提升基体材料品质、优化协同利用路径、丰富产品应用场景、扩大工程示范规模、强化政策支持保障等方面统筹布局，同时提出了一批产业化示范工程，助力落地实施，新增赤泥综合利用率 2027 年达到 15%、2030 年达到 25% 的层级递增目标合理，对于助推氧化铝产业绿色转型意义重大。

（二）系统构建科技创新方向，发展赤泥利用新质生产力

《行动方案》紧紧围绕目前及未来一段时间的工作目标，着力提升赤泥综合利用水平，积极强化产用两端科技创新，推动培育赤泥产品、产线到产业的新质生产力。

立足于赤泥源头排放体系的原始创新。《行动方案》提出加大对赤泥性质与结构特征等方面的基础研究，探索开发非石灰拜耳法溶出、矿石源头阻断等技术，鼓励氧化铝企业加大技术创新力度，推动赤泥源头减量。同时，提出鼓励解决赤泥利用卡脖子问题，发展元素赋存形态调控的关键技术和装备，鼓励在钢铁、水泥、建材、交通等领域开发赤泥基产品，拓宽在化工、充填等领域的产品替代，推进构建赤泥分质利用技术系统，通过强化从 0 到 1 的原始创新，夯实赤泥从“废料—原料—材料”的资源化利用基础。

着眼于规模协同利用体系的路径创新。《行动方案》提出现有路径规模创新，鼓励钢铁行业在配矿冶炼、烧结球团、功能助剂以及短流程炼钢等领域使用赤泥产品。鼓励水泥、建材等行业

创新利用渠道，优化胶凝、路用、充填等行业应用方法，推进赤泥综合利用量效齐增。《行动方案》提出拓展赤泥利用新路径，支持赤泥在无机填料、油品提炼、三废治理、提取稀有金属，改性土壤生态修复等领域开发新的应用路径，形成一批应用赤泥产品的新领域。同时，《行动方案》还提出结合供需关系和产业结构，积极引导建立跨区域、跨行业、多层级协同的创新机制，夯实赤泥综合利用产业体系的发展基础。

聚焦于区域示范工程体系的产业创新。《行动方案》统筹布局赤泥综合利用产能，聚焦钢铁、水泥、建陶等赤泥利用规模较大的重点领域，以及赤泥产生量较大的山东、山西、河南、广西重点地区，结合各区域特点，加快建设一批产业化示范工程。《行动方案》提出完善赤泥产业创新体系，支持生产企业和高校、科研机构等加强合作，强化人才交流。鼓励建设赤泥综合利用技术实验室、研究中心，中试验证平台和产业化孵化平台，建设创新一批赤泥规模化利用的典型示范和产业标准，夯实赤泥综合利用工程化体系的根基。

（三）强化措施保障，积极推动方案落实

《行动方案》从三个方向提出了具体措施。

一是加强工作组织、培育骨干力量。积极落实重点企业“一企一策”方案，强化推动资金、政策和重大项目有效衔接，工业和信息化主管部门总牵头，做好部门协同和联动的工作调度。依托工业资源综合利用基地、大宗固废综合利用基地建设等，积极推动赤泥综合利用。同时鼓励赤泥产生地开展“无废城市”建设，创建“无废园区”“无废企业”，培育一批赤泥综合利用领域制造业单项冠军、专精特新等骨干企业和赤泥产品的知名品牌。

二是加大支持力度，完善法规标准。适时更新发布《国家工

业资源综合利用先进适用工艺技术设备目录》，强化供需对接，落实资源综合利用税收优惠政策，引导金融机构对赤泥综合利用项目提供信贷融资支持，支持赤泥综合利用首台（套）重大技术装备以及产品研发，适时研究推动赤泥建材产品纳入市政工程等项目建设。鼓励制定具有行业引领作用的相关行业标准、国家标准，推动标准应用与推广，建设上下游相互贯通、紧密衔接的赤泥综合利用标准体系。

三是强化宣传引导，增进社会共识。有关行业协会、企业应积极正向宣传赤泥的资源属性，定期组织技术成果交流、应用场景示范、典型案例推荐等专题活动，强化政策、技术和标准宣贯，增强社会公众信任，营造良好的赤泥综合利用社会氛围。

中国铝业集团有限公司作为提升我国矿产资源保障能力的主力军，将坚持以习近平新时代中国特色社会主义思想为指导，深入贯彻落实《行动方案》，根植绿色低碳理念，系统推进赤泥综合利用各项工作走深走实。

推进赤泥综合利用工作，[①] 助力铝工业绿色可持续发展

中国工程院院士、中南大学教授、博士生导师 姜涛

赤泥是氧化铝生产过程的主要固体废弃物，其处理和综合利用一直是工业资源综合利用的世界性难题。《赤泥综合利用行动方案》（以下简称《行动方案》）提出了全面提升赤泥综合利用水平的目标，强调通过技术创新和跨行业协同推进，力求实现资源的有效利用和绿色发展。《行动方案》切实贯彻《中华人民共和国固体废物污染环境防治法》，加快铝工业生产方式绿色转型，完善工业固体废物管理制度，推动构建废弃物循环利用体系。

（一）明确赤泥综合利用整体目标和关键原则，推动氧化铝行业绿色低碳转型

《行动方案》明确指出，要通过技术创新推动赤泥的源头减量，提升综合利用能力，通过跨行业合作来实现高效资源化利用，提出在2027年和2030年分别实现赤泥综合利用率15%和25%的突破。

《行动方案》提出了赤泥处理中的几个关键原则：一是坚持创新引领，加强技术、模式和产品创新，推进赤泥处理量效齐增。二是坚持系统推进，通过产业链上下游协同，推进赤泥在多个环节中的有效利用。三是坚持市场主导，通过企业主体责任的强化和政府政策的引导，助力赤泥处理领域的产业化和规模化发展。

---

① 2025年1月6日，《中国有色金属报》。

（二）以科技创新为驱动，攻克综合利用关键技术瓶颈

赤泥成分复杂，主要由铁、铝、硅、钠、钛、钙等元素构成，有价成分提取难度较大。要实现其资源化利用，需在几个方面突破技术瓶颈。首先是源头减量和成分调控，可通过优化拜耳法工艺、应用新型反应技术等减少赤泥的产生、调控赤泥的产出性质，并提高其后续处理的可利用性。

在此基础上，赤泥的性质调控和分质分类贮存成为提高其资源化利用的关键。《行动方案》提到，通过在线降碱、无热干化等工艺，降低赤泥的含水率和碱度，这一思路契合当前绿色低碳循环的理念，鼓励企业采用环保技术，进一步减少二次污染，也可为铁、铝、钛等成分的提取奠定基础。

（三）分类精细化处理，打造多元化应用场景

《行动方案》提出，根据赤泥的性质和成分特点，在赤泥的产生、处理和应用环节进行分质分类处理。赤泥中的铁、铝等成分可以用于生产各种工业原料，如氧化铁粉、硅铁粉等。对于钙、硅等非金属成分，《行动方案》鼓励将其用于生产建材，如烧结砖、路基材料等。

赤泥的分类处理具有重要的意义，一方面，它通过精细化分选和处理技术提高不同成分的提取率；另一方面，也为不同用途的赤泥制品提供更广泛的应用场景，推动形成建材、填料等领域的多元化应用场景。

（四）跨行业协同融合创新，构建赤泥高效循环利用产业生态

赤泥的资源化利用不仅依靠单一行业的技术突破，还需要各相关行业协同合作。《行动方案》提出，要通过钢铁、有色金属、材料、化工、环境等多行业的跨界合作，构建赤泥处理和资源化

利用的协同推进机制。这不仅体现在提取铁、铝、钛等金属成分的技术上，还包括在建材、土壤改良等领域的跨行业合作，这种协同利用的产业发展模式，对赤泥高效循环利用具有重要意义。

（五）强化政策驱动与标准体系，全面加速赤泥绿色利用能力建设

《行动方案》明确提出了针对赤泥处理的政策支持，包括对技术研发、设备推广、示范项目建设等的财政支持，同时鼓励企业利用现有的税收优惠政策和融资渠道，推动赤泥资源化利用项目的落地。

为了进一步提升赤泥综合利用水平，建议根据赤泥的性质和成分特点，加强分类管理。例如，赤泥中不同氧化物的比例和化学特性差异较大，建议根据赤泥成分进行分级处理，可以考虑借鉴国际上对类似固废的分类利用经验，针对不同区域的赤泥特点，设计具有针对性的处理方案，推动提升赤泥综合利用水平。

科技创新赋能，提质增效助推赤泥综合利用[①]

中国环境科学研究院院长　席北斗

固体废物污染防治工作是美丽中国建设和生态文明建设的重要篇章。以习近平同志为核心的党中央对固体废物污染防治的重视程度前所未有，多次作出重要部署，明确要加强固体废物治理，将固体废物治理列为持续深入打好污染防治攻坚战的重要任务之一。国家各部委也高度重视大宗工业固体废物的利用，先后出台一系列政策法规指导包括赤泥在内的大宗工业固体废物规模化消纳利用。

赤泥是氧化铝生产过程中产生的强碱性固体废物。我国氧化铝产量持续高速增长带来了赤泥产量呈亿吨级迅猛增长，2023 年我国新增赤泥产生量达 1.04 亿吨。赤泥具有碱性强、颗粒细、含铁高、含水量大、水稳性差等特点，严重制约了其利用，全球和国内平均利用率均较低，如何有效提升赤泥综合利用水平是全球铝行业致力解决的环境难题之一。2023 年我国赤泥综合利用率为 9.8%，已创历年最高利用水平，但仍以堆存为主，迄今我国赤泥累计堆存量已有 14 亿吨，堆存占地已达 12 万亩。

固体废物综合利用产业水平，是固体废物治理能力现代化的重要体现，是社会进步程度的重要标志。我国固体废物种类繁多、性质复杂，虽然制定了扶持固体废物综合利用的政策、标

① 2025 年 1 月 4 日，“中国环境”。

准、技术、资金等保障措施，但尚未形成合力，部分现有财税政策落实不到位，产品标准严重不足，技术装备水平整体较低，骨干企业数量少，行业集中度低，远不能满足高质量发展需要。

此次工业和信息化部牵头发布的《赤泥综合利用行动方案》（以下简称《行动方案》），旨在进一步通过科技创新、政策引领、制度保障等一系列举措，全面指导赤泥源头减量、规模化和规范化利用，产业协同，全面提升赤泥综合利用水平，推动氧化铝生产与赤泥综合利用的绿色协同发展。

《行动方案》强调源头减量。通过矿石质量管控与相关技术改造，实现赤泥源头减量化。通过矿石预均化、在线降碱与分质分类贮存管理，从源头提升赤泥稳定性与可利用性。

《行动方案》重点推动赤泥综合利用扩容增量。扩大利用规模，发展新产品，拓展土壤化等综合利用新场景。

《行动方案》瞄准技术创新。鼓励持续探索新技术，围绕赤泥特性研究，在资源高效回收技术、规模化利用技术、新利用场景拓展等方面持续挖潜。

《行动方案》提出完善创新体系。强化科技攻关，加强标准引领，加快突破共性技术瓶颈，注重产学研用管合作，有效促进科技成果转化为生产力，引领赤泥多产品多途径多场景的应用，加快形成可复制可推广的先进模式。

此外，《行动方案》还提出统筹产业布局、建设标杆示范、落实税收金融政策、完善法规标准、健全制度保障，培育赤泥综合利用领域的新质生产力；加强赤泥综合利用技术、环境安全性与社会经济效益等的宣传，调动各方积极性，鼓励探索创新，助推技术转让与创新成果转化，合力打造赤泥利用新局面。

三、赤泥综合利用现场会宣贯

（一）现场会致辞

坚定信心 迎难而上
全力推动行动方案落地见效

中国有色金属工业协会党委副书记　范顺科

新年伊始，我们齐聚一堂，贯彻落实工业和信息化部等六部门联合发布的《赤泥综合利用行动方案》，进一步宣传和部署赤泥综合利用工作，全力推动《行动方案》落地见效。

这次会议地点选在淄博，很有现实意义。因为早在 1958 年，中国第一条利用赤泥制备水泥的生产线，就诞生在山东铝厂。今天在这里召开现场会，寓意我们要继往开来、赓续前行。

首先，我代表会议主办方中国有色金属工业协会，向出席会议的工信系统的各位领导、行业专家、企业代表、新闻记者表示热烈的欢迎！向山东省工信厅、淄博市人民政府和中铝山东对本次会议的大力支持表示衷心的感谢！

借此机会，我讲两点：

1. 赤泥综合利用工作已取得积极进展

赤泥是铝工业最大的固体废弃物，大规模低成本利用是世界性难题。近年来，在习近平生态文明思想的指引下，我国开展赤泥综合利用取得了积极进展。

一是政府空前重视。近期，工信部等6部门发布了《赤泥综合利用行动方案》。此前，工信部还利用重大专项支持赤泥综合利用示范项目，对赤泥综合利用行业标准进行了立项研究；生态环境部、交通运输部立项的《赤泥利用污染控制技术规范》《公路工程工业废渣应用技术规范》已完成意见征求；科技部支持的赤泥源头减量技术攻关已完成工业试验；山东、广西还分别成立了政府赤泥综合利用专班，协调推动赤泥综合利用工作。

二是全社会积极响应。有色协会积极行动，全程参与政策研究、积极组织联合攻关、成功举办国际论坛、首次发布赤泥综合利用发展报告；重点企业主动作为，中铝、魏桥、文丰、锦江和信发五家企业的赤泥利用量全国占比超90%，宝武集团、山东海逸、云南九州等利用企业在钢铁、交通、建材等重点应用领域发挥了示范带头作用；中南大学、北京科技大学、东北大学等科研院校积极开展技术研发、参与联合攻关；新华社、人民日报、经济日报等权威媒体加大赤泥综合利用的宣传报道。

在大家的共同努力下，全国已建成近50条赤泥利用生产线，其中2024年新投产7条；已发布赤泥综合利用行业、团体、地方标准23项，另有5项标准正在履行发布程序；我国2024年赤泥综合利用量1380万吨，居全球首位，利用率12%，首次达到两位数，实现了新的突破。肯定成绩的同时，我们也清醒地认识到，推动赤泥综合利用仍存在难点和堵点。比如，区域发展不均衡，企业利用情况差异大；赤泥利用路径仍然较少，跨行业利用存在壁垒；部分地区新增氧化铝项目还缺乏赤泥综合利用能力配套要求等。可见，赤泥综合利用障碍很多，挑战依然巨大，需要举全社会之力，久久为功。

2. 全力推动赤泥综合利用再上新台阶

本次发布的《行动方案》，主要从做好赤泥产生阶段管控、推动赤泥综合利用扩容增量、系统提升技术创新能力、推动产业统筹布局协同发展、强化综合利用产业发展保障等六个方面进行了部署，明确提出了两个阶段主要目标，新增赤泥综合利用率到2027年达到15%，到2030年达到25%。要实现这些目标，需要社会各方共同努力。尤其是氧化铝企业要强化主体责任，结合自身特点，一企一策制定赤泥综合利用方案，明确目标和任务；产业链上下游要创新合作模式，合力破除障碍，不断扩大应用空间和应用场景。

具体到我们有色协会，就是要携手各方，全力推动《行动方案》落地见效：

一是加大《行动方案》的宣贯力度。有色协会高度重视赤泥综合利用工作，《行动方案》刚一发布，葛红林会长就第一时间进行了专访解读；这次在新年伊始又举办本次现场会，配合工信部进一步宣贯；后续，有色协会还将与地方政府、上下游领域合作，召开各种形式的专题会，进一步宣贯落实。

二是进一步做好联合攻关与平台建设。对第一批已经开展的七个赤泥综合利用联合攻关项目，密切跟踪、协调推进，尽快将联合攻关成果转化为产业化示范，并择机启动第二批联合攻关项目；主动开展跨国别、跨领域的全球协同攻关，同时推动赤泥综合利用技术跨国应用；鼓励制定具有行业引领作用的企业标准、团体标准，推动完善相关行业标准、国家标准体系建设；掌握全球赤泥综合利用最新发展动态，搭建好人才库、技术库、项目库、数据库等平台，为赤泥综合利用做好服务支撑。

三是进一步拓展合作交流。过去两年，在中铝集团和力拓集团的支持下，有色协会联合国际铝业协会分别在中国郑州和法国里昂，连续举办了两次赤泥综合利用国际论坛，取得了很好的效果，下一步我们将不断提升会议质量，希望得到更多企业的参与和支持；同时还将不定期组织技术成果交流、典型案例推荐等专题活动；提供“一企一策”的精准服务，助力赤泥综合利用骨干企业培育和知名品牌建设。

同志们，我国现有赤泥存量近 15 亿吨，每年新产生量又超 1 亿吨，赤泥综合利用还任重道远。让我们继续坚定信心、迎难而上，以实施《行动方案》为契机，攻坚克难，为铝工业高质量发展、美丽新中国建设作出更大贡献！

谢谢大家！

（二）会议深度报道

抓好赤泥利用关键环节
助力行业健康发展[①]

——推动《赤泥综合利用行动方案》落实落细

2024 年 12 月，工业和信息化部等六部门联合印发《赤泥综合利用行动方案》（以下简称《行动方案》），明确了到 2027 年和到 2030 年赤泥综合利用工作的目标，提出了今后一段时期推动赤泥综合利用工作的系列举措。今年 1 月，中国有色金属工业协会在山东淄博举办赤泥综合利用现场会，会上工业和信息化部节能司对《行动方案》进行了解读，各赤泥产生省份的工业和信息化主管部门、主要氧化铝企业及利用企业到会交流，为推动赤

① 2025 年 4 月 9 日，《中国有色金属报》。

泥综合利用提供了广泛的思路与发展方向。

2025 年以来，记者通过调研走访部分企业和多位行业专家，了解赤泥综合利用现状与情况，并采访了相关研究人员，有研究人员从为什么干、干什么以及怎样干等三个方面对落实《行动方案》进行了阐述与浅析。

为什么干

——事关行业健康发展与资源化利用

近年来，我国加快推进绿色低碳可持续发展进程，强化赤泥综合利用不仅是实现铝工业高质量发展的关键任务，更是探索大宗固废资源化利用路径的重要实践。从现实需要看：

一是氧化铝产业健康发展的需要。赤泥碱性较强、粒度较细、组成复杂，未经处理的赤泥本身具有较强的碱性，有一定生态环境风险。赤泥堆场对土地的占用很大，而且要有防渗等一系列措施，保障它不会出现生态环境风险。建设赤泥堆场需要办理国土、生态环境等手续，一些地方现在也不再新批赤泥堆场。到 2024 年年底，我国赤泥累计堆存量约 15 亿吨，做好赤泥的减量和利用，是摆在氧化铝行业面前的一个难题，是行业可持续发展必须要解决的问题。

二是实现资源充分利用的需要。赤泥是工业固废，但同时也是重要的资源，解决赤泥的问题，一定要看到它的资源属性。从组成成分来看，赤泥的元素组成主要是铁、铝和硅，都具有利用价值，赤泥中还有一些其他的元素成分，如镓、钪等，都是很有价值的资源。从综合利用产品来看，选铁产品、建筑材料、道路工程材料、粉体材料、生态修复材料等，都是赤泥综合利用的重点方向。因此，要认识到赤泥具有一定的资源属性，从这个角度去看待赤泥综合利用工作。

干什么

——“两管、两赋能”是关键环节

赤泥综合利用工作要“干什么”，在《行动方案》第二章到第五章有详细表述。总的来说，就是要做到“两管、两赋能”。

“两管”就是管好赤泥的产生阶段和利用阶段，从全生命周期的角度推进赤泥源头减量和综合利用工作。

一是管好赤泥产生阶段。这里需要重点关注两点，一是赤泥的“量”，让赤泥减少产生；二是赤泥的“质”，对于确实产生的部分，要提高质量，降低赤泥利用难度。

控增量主要是做好 4 件事。一是做好氧化铝生产企业的清洁生产审核，推动生产过程的清洁化转型。二是要做好矿石采购的质量管控，提高铝土矿入厂品质。我们国内的氧化铝生产涉及约 10 个省，其中山东、山西、广西、河南的量最大，不同省份所用的铝土矿成分是不一样的，甚至可以说差别很大。在沿海地区，很多企业用的是几内亚矿等一些海外矿，主要是三水软铝石，里面含的结晶水成分比较高；到了内陆的一些地区，企业可能用的是国产矿，很多是一水硬铝石，原料不同，产生赤泥的量就不一样，成分区别也很大。再有就是铝土矿的运输、入厂的处理、存放和配矿等环节的质量控制也很重要。所说的提高铝土矿品质，其实是一个从选料、采购、运输、存放以及生产前的配矿等全流程的管理优化。三是加大技术改造，应用赤泥产生量较低的工艺技术和装备。比如非石灰拜耳法溶出技术，以前是加氢氧化钙，那么是不是可以加其他的物质，当然还要考虑成本的问题。再如赤泥形成过程铁硅矿物差异化结晶解离技术等。四是推动工业互联网、大数据、云计算、人工智能等新一代信息技术与氧化铝生产过程的融合，做好反应时间、温度、碱度等技术参数控制，提高溶出率，降低赤泥产出量。

提质量主要是做好 3 件事。一是要提升赤泥成分的稳定性。氧化铝企业每次进的铝土矿可能都有差异，有的企业可能既进几内亚矿，又进澳大利亚矿，还有用国产矿，那么原料成分的变化，也会导致每一批的赤泥成分发生变化，可能这个月的赤泥铁含量有 40%，下个月换了原料，铁含量下降到 10% 了，再去做提铁就比较难了。所以，氧化铝企业自身对铝土矿原料的使用要有规划，这个规划不仅是考虑价格、考虑成本的规划，也要考虑提升产出赤泥的稳定性。除了原料本身，做好矿石的预均化，配料配好，在分选和加工中做好精细化控制，也是要关注的环节。二是要做好赤泥堆存前处理。特别是在线降碱和无热干化这两道工序，让赤泥的碱性和含水率降下来，这样再去堆存的风险也比较小，后续去做建材、做路基材料等，难度也会有所下降。在起草《行动方案》的过程中，起草组和交通部门专门交流过路基材料，当时广东刚刚发生过高速路的路面坍塌事件，交通部门就很担心，觉得磷石膏相对还好一点，因为含水率低，做路基能压的比较实，但是用赤泥做路基他们就比较担心，所以《行动方案》里表述还是说“加快研究低成本赤泥基路用材料固化、激发助剂，为扩大赤泥在道路工程建设领域的利用规模打好基础”。鼓励企业去做赤泥的无热干化，把含水率降下来，后续探索在道路交通等领域扩大利用规模，也就有了基础。三是要做好分质分类储存。受原料、工艺等影响，不同厂的赤泥成分千差万别，不同厂不同批次的赤泥成分也是千差万别。除了加强产生过程管理，让赤泥产出尽可能稳定之外，做好分质分类的储存，也是实现赤泥的因材施策，物尽其用的基础。

二是管好赤泥利用阶段。这里面包含三个层次，一是现有场景要扩大规模，二是要发展赤泥综合利用新产品，三是要拓展赤泥综合利用新场景。

现有场景方面，主要关注下面几个点。一是粉体材料方面，利用赤泥生产氧化铁粉、硅铁粉、硅铝粉、高钙铝粉、铝铁粉等一系列产品。二是选铁方面，鼓励钢铁企业在配矿冶炼、烧结球团、铁矿石脱磷、化渣等环节，以及短流程炼钢等领域使用赤泥及其综合利用产品。三是建筑材料方面，《行动方案》里点出了一些赤泥在建材领域的综合利用产品，如烧结砖、免烧砖、路面砖等。但是也要看到，建材领域市场容量是相对有限的。因为赤泥做建材本身要做降碱，这个成本就使它比其他固废制建材的成本高。四是道路交通方面，主要是路基材料、路面基层、地基场坪等。另外，《行动方案》还提出在山东、山西、广西、河南等赤泥主要产生地，推动建设一批产业化示范项目。

“两赋能”就是从系统提升技术创新能力和推动产业统筹布局协同发展两个角度，推动赤泥综合利用产业提质增效。

一是系统提升技术创新能力。

加快关键共性技术攻关。前端产生环节打牢基础、推动减量、做好调控、降低成本，后端利用环节聚焦重点领域，扩大利用规模。要加大对赤泥化学成分、物相特性、结构特征的基础研究，把各类赤泥含有什么元素、表现出什么性质特点、各种成分，以什么形式和其他元素结合理清楚，这是去做赤泥性质调控，提升赤泥品质的一项基础工作。要优化生产工艺，发展赤泥性质调控技术以及钙法、碳化法、酸法等低成本的赤泥脱碱技术，这是提升赤泥综合利用产品在价格方面竞争力的重要保障。

在提铁领域，要加快研究微细粒磁化与捕集等关键技术，提升赤泥铁元素回收率。《行动方案》也提出探索低温磁化焙烧、还原冶炼、液相还原、矿浆电解等方式，进一步提升铁元素的回收水平。在赤泥基胶凝材料、回填充填材料制备领域，改进高温烧成、低温固化等环节，提升赤泥掺加比例。同时也从路用材料方面提出了技术研发的方向。

完善赤泥综合利用创新体系。这里有 3 个关键词，产学研合作、人才培养、平台建设。要注重各环节技术人才的交流和协同配合。赤泥综合利用的产业链条是很长的，前端生产环节是一批做铝土矿配矿、溶出的技术人员，后面还有做赤泥在线预处理和堆存的技术人员。但是到了利用端，建材企业在做赤泥建材产品的利用，房地产企业的施工人员在做建材产品的施工，后端技术人员对产品的需求是什么样的？前端不一定了解。提铁产品送到钢厂，钢厂需要什么样的选铁产品，怎么才能稳定好用的用在钢铁生产中，这些问题，做选铁的技术人员可能也不会去考虑。所以从赤泥产生、到综合利用产品生产、到综合利用产品应用，这几个环节的技术交流和协同配合是必要的。要注重技术向产业化应用的转化。从最前端的实验室、研究中心，到技术中试平台、产业化孵化平台，从最初技术路线的设计，到真正实现产业化应用，中间不能脱节，避免出现理论研究多，应用成果少的情况。

二是推动产业统筹布局协同发展。

统筹布局赤泥综合利用产能。这里有两层意思，一是赤泥综合利用产业要和氧化铝产业统筹布局。前期许多氧化铝项目未能配建相应的综合利用产能，这会导致赤泥堆存量越来越大。二是要探索“产用挂钩”等方式，推动产废主体加大对赤泥的源头减量和综合利用，要强化氧化铝企业主体责任意识，不能只管生产，不管治理和利用。

强化赤泥综合利用产业协同。这里有几个关键词：产用协同、多固废协同、区域内协同、跨地区协同以及信息共享的协同。产用协同，就是引导氧化铝生产企业、赤泥综合利用企业与下游钢铁、化工、建材、交通等赤泥综合利用产品应用的重点行业加强合作，让后端需求向前端延伸。这件事需要有色和钢铁、化工、建材、交通等其他行业一起来做，让上下游行业企业间建立协作关系。多固废协同，很多氧化铝企业自身是配建电厂的，电厂发电就会产生很多的粉煤灰和脱硫石膏，这些固废可以和赤泥协同利用。区域内协同，就是将赤泥和其他固废协同利用生产的这些建材、交通等综合利用产品，直接回用于氧化铝企业厂区，以及所在的园区内部建设。去年工信部培育了一批“无废园区”“无废企业”典型案例，积极推动工业固废在园区、厂区内部的消纳利用，推动形成“无废化”的工业生产方式。将赤泥综合利用产品回用于厂区、园区，实际上就是一种很好的无废模式。跨地区协同，这里主要是结合区域供需关系，将赤泥综合利用产品向有需求的地区外售。信息共享的协同，包括赤泥综合利用产品生产、交易等信息的同步，因为不同批次的赤泥性质、赤泥综合利用产品的情况都是不同的，行业推动建设相关信息的共享平台，对下游应用方想用、敢用赤泥综合利用产品，也具有重要的价值。

怎样干

——多方支持与“三强化、一完善”是有力保障

推动赤泥综合利用需要多方协同，重视骨干培育，加快法规标准完善，大力开展宣传引导，为推动该项工作创造良好的氛围。

强化工作组织。做好《行动方案》各项任务的分解细化。对于各地工信主管部门，提出赤泥产出地区应立足本地上下游产业特点，结合实际出台配套政策，落实行动方案有关要求。这里的政策可以是多元化的，比如建设赤泥综合利用实验室；通过推荐技术目录的方式，加快赤泥综合利用先进工艺技术推广；推动氧化铝企业积极创建“无废企业”，这些都是支持赤泥综合利用工作的政策举措。对于氧化铝企业，重点企业要强化主体责任，每个企业使用的铝土矿原料可能不同、规模不同、产出赤泥的性质不同、周边赤泥综合利用产品市场的形势也不一样，所以要一企一策制定综合利用方案，各地主管部门要推动企业抓好落实，分析难点和堵点有哪些，然后再有针对性的去突破。

强化骨干培育，形成一批推动赤泥综合利用的工作抓手。这里的骨干培育包括工业资源综合利用基地、大宗固废综合利用基地、无废园区、无废企业的建设，以及制造业单项冠军、专精特新中小企业等。

完善法规标准，建设一套赤泥综合利用可参照、可遵循的规范体系。赤泥综合利用领域的标准是多元的，要去和住建、交通、生态、自然资源等部门去对接，推动制定一批赤泥在各领域应用的标准，可以是国家标准、行业标准，也可以是地方标准。同时也要关注将行业急需、先进适用的关键共性技术、先进生产工艺、通用实验方法转化为标准。另外，企业要加强对标达标，积极推动标准应用和推广。

加大支持力度，运用多种手段为赤泥综合利用提供助力。包括项目建设、技术推广、税收优惠、产融合作等。例如，磷石膏集中的一些地方，当地政府出台了相关政策，在当地政府采购项目中，明确规定要选用磷石膏的综合利用产品。赤泥产生的重点地区也可以探索类似的途径，在市政工程等一些政府主导的工程建设中，在确保安全环保和使用要求的前提下，优先使用赤泥综合利用产品。

强化宣传引导，打造有利于赤泥综合利用的社会氛围。包括加强技术成果交流、典型案例推荐、加强社会宣传和国际合作等。

做好赤泥综合利用工作，对保障生态环境安全、助力氧化铝工业绿色可持续发展和提升资源综合利用效率都具有重要意义。需要各行业、企业进一步强化交流合作，共同推动《行动方案》落实落细。

四、媒体报道

破解赤泥难题 共筑绿色发展之路①

近年来，我国开展赤泥综合利用取得了积极进展。据介绍，目前我国已建成近 50 条赤泥利用生产线，已发布赤泥综合利用行业、团体、地方标准 23 项。2024 年，我国赤泥综合利用量 1380 万吨，利用率达 12%，实现了新的突破。

为全面提高赤泥综合利用水平，近日，工业和信息化部等六部门联合发布实施《赤泥综合利用行动方案》（以下简称《行动方案》）。15 日，赤泥综合利用现场会在山东淄博召开，对《行动方案》进行深度解读，行业共议赤泥综合利用新路径。

作为铝工业体量最大的固体废弃物，赤泥的大规模低成本利用一直是世界性难题。近年来，我国开展赤泥综合利用取得了积

① 新华财经淄博 2025 年 1 月 16 日电。

极进展。

中国有色金属工业协会党委副书记范顺科表示，目前我国已建成近 50 条赤泥利用生产线，其中 2024 年新投产 7 条，已发布赤泥综合利用行业、团体、地方标准 23 项。2024 年，我国赤泥综合利用量 1380 万吨，利用率达 12%，实现了新的突破。

“赤泥综合利用障碍很多，挑战依然巨大，需要举全社会之力，久久为功。”范顺科说，推动赤泥综合利用仍存在难点和堵点，氧化铝企业应强化主体责任，结合自身特点，一企一策制定赤泥综合利用方案，明确目标和任务。产业链上下游要创新合作模式，合力破除障碍，不断扩大应用空间和应用场景。

中国铝业股份有限公司副总经理许峰表示，绿色低碳是构建人类命运共同体的根本要求，也是中国产业高质量发展的必然选择。一直以来，中铝集团坚持绿色发展理念，是国内最早从事赤泥综合利用研究和产业化实践的企业。2024 年，中铝集团赤泥综合利用规模达到 559 万吨，占全国的 40% 以上，整体赤泥综合利用率突破 20%，所属企业最高达到 38%，进一步巩固了全球领先水平。

“绿色发展是高质量发展的底色。”淄博市委常委、副市长李新胜表示，赤泥作为铝工业产生的主要固体废弃物，如何实现节能减排、变废为宝，实现大规模、低成本消纳，是行业的共同课题，也是实现绿色低碳高质量发展的内在要求。近年来，淄博深入践行绿色发展理念，积极推进“无废城市”建设，加力提升工业资源固废综合利用水平。2024 年，淄博市赤泥综合利用量 130 万吨以上，利用率达到 37% 以上，是全国平均利用率的三倍。

山东省工业和信息化厅副厅长孔庆成表示，作为氧化铝产能大省和赤泥产生大省，山东一直致力于赤泥“减量化、再利用、资源化”，积极开展赤泥制备粉体材料产业化示范，研究开发赤泥提取铁精粉、钛铁混合粉、胶凝材料等综合利用产品，加快构建覆盖全面、运转高效、规范有序的赤泥循环利用体系。目前山东赤泥综合利用率高于全国水平，为提高全国赤泥综合利用水平贡献了山东力量。

工业和信息化部节能与综合利用司一级巡视员尤勇指出，当前提升赤泥利用总量和利用水平仍面临综合利用产品成本较高、综合利用关键技术仍需突破、下游协同利用水平仍需提升等挑战。

尤勇表示，《行动方案》系统性地提出了赤泥综合利用工作的下一步举措。未来，山东、山西、广西、河南等赤泥产生的重点地区应结合本地上下游产业特点，结合实际出台配套政策，落实行动方案有关要求，压实属地责任。氧化铝企业应发挥主体作用，做好清洁生产，要强化赤泥产生过程管理，鼓励企业开展“无废企业”创建，积极推动工业生产过程的无废化转型。此外，应强化赤泥综合利用产业协同，推动氧化铝企业与下游的钢铁、道路交通、建筑材料等企业加强合作，加强赤泥综合利用上下游协同，凝聚赤泥综合利用合力。

第四章　产品体系

一、矿物提取

赤泥矿物提取主要是从赤泥中提取铁、钠、铝等有价元素及化合物，以及钛、钪、钒等稀有稀散金属。目前，赤泥矿物提取主要技术路线包括物理法（如磁选法、重选法）、湿法（如酸法、高压水化法、亚熔盐法等）、火法（如还原焙烧、直接还原等），以及等离子法、生物法、微波法等（图4-1）。

图4-1　赤泥矿物提取主要技术路线

（一）赤泥提铁

根据全球主要铝生产国的赤泥成分数据统计，目前高铁赤泥（Fe_2O_3≥30%）占全球赤泥总量的35%～45%，其铁资源具有回收价值，可作为铁资源回收的潜在原料；而低铁赤泥（Fe_2O_3<30%）因Fe含量低，极少独立用于提铁。目前，我国赤泥矿物提取以回收氧化铁粉为主，赤泥氧化铁粉主要通过重选、磁选、磁化焙烧等工艺方法，对赤泥中的铁质矿物进一步富集。目前，赤泥磁选、重选工艺已成熟应用，赤泥磁化焙烧、还原焙烧等工艺仍处于中试阶段。

2024年，我国赤泥提取氧化铁粉976万吨，占我国赤泥利用总量的70.72%。

典型案例：

1. 广西某企业螺旋溜槽重选流程

该工艺目前适用于几内亚矿赤泥，氧化铁粉产率为25%。主要优点是投资少，见效快；主要缺点是赤泥适应性差、铁回收率低。

2024年开始稳定运行，生产了35万吨左右氧化铁粉（图4-2）。

图4-2　螺旋溜槽重选现场

2. 山东和河南某企业旋流器重选流程

该工艺主要优点是投资少，见效快，铁回收率高，赤泥适应性较强，减排能力强；主要缺点是铁粉品位偏低，价格偏低。

两个企业旋流器的选型不一样，2024 年均开始稳定运行。山东企业赤泥铁矿粉品位氧化铁 59%、产率 50%，2024 年生产 136 万吨（图 4-3）；河南企业铁矿粉品位氧化铁 62%、产率 40%，2024 年生产 120 万吨（图 4-4），近期开展生产线改扩建建成后年综合利用赤泥将达到 150 万吨，综合利用率超过 50%。

相比螺旋溜槽，旋流器重选的减排量大幅提高。

图 4-3　山东企业旋流器重选现场

图 4-4　河南企业旋流器重选现场

3. 广西某企业立环—平环并联磁选

该工艺采用立环粗选/精选—平环并联法，主要优点是铁回收率高、铁粉品位高；主要缺点就是投资大、工艺对赤泥适应性偏差。

该企业矿石供给稳定，流程长期稳定运行，赤泥成分稳定，赤泥铁矿粉品位氧化铁 75%、产率 22%。2024 年生产 80 万吨（图 4-5）。赤泥选铁回收率高，品位高。

图 4-5　立环—平环并联磁选现场

4. 河北某企业立环粗选/精选—扫选并联法

该企业采用钢铝联合模式，主要针对几内亚铝土矿所产生的赤泥，赤泥精选铁矿粉供企业自用。

该工艺主要优点是铁粉品位高；主要缺点是工艺对赤泥适应性偏差、回收率偏低。

项目 2024 年稳定运行，赤泥铁矿粉品位氧化铁 72%、产率 35%（图 4-6）。可以看出，此工艺非常适合几内亚矿赤泥高品位选铁的要求。

图 4-6　立环—扫选并联现场

5. 山西某企业重—磁联合法

该工艺优点是可以根据市场和来料的变化，调整产率和品位，获得市场最大化的收益；缺点是流程不稳定，物料流量大，切换频繁，产品不稳定。

该项目 2024 年下半年开始运行，利用赤泥 7 万吨（图 4-7）。

图 4-7　重—磁联合法现场

6. 广西诺兰德再生资源有限公司选铁生产线

该公司主要利用广西华昇赤泥进行选铁，设计年处理赤泥能力 130 万吨，年产高品位氧化铁粉 24.5 万吨，中品位氧化铁粉 13 万吨以上，减排率大于 28.8%（图 4-8）。

图 4-8　选铁生产线

7. 山东某环保企业回转窑磁化焙烧生产线

该企业主要以分选后的赤泥铁精粉为原料，采用回转窑磁化焙烧技术，生产还原铁粉。计划建设总产能达 150 万吨，一期项目已顺利运行（图 4-9）。

图 4-9　回转窑磁化焙烧现场

该工艺优点是动态还原，处理量大，磁化效果好；对进料要求高，原料要求高，大窑气氛控制要求严格。

8. 广西防城港宇盛新材料有限公司

该公司正在建设选铁和制砖生产线。选铁主要建设改进型高梯度强磁选生产线、多级动态磁化培烧生产线、悬浮磁化焙烧生产线和水泥辅料生产线，每年预计可处理赤泥 118（干基）万吨以上，综合利用赤泥 59 万吨，减排率可达 50% 以上（图 4-10 和图 4-11）。

图 4-10　赤泥高梯度一级磁选生产现场

图 4-11　在建的磁化焙烧炉

该公司正在建设 120 万吨/年规模的选铁生产线。通过高梯度磁选生产线选取铁矿，得到 TFe 46% 以上中品位铁精矿约 59 万吨，用于磁化焙烧，焙烧后中品位铁精矿再经过磁选，得到铁精矿约 46 万吨，铁精矿品位 TFe 58%、产率约 78%、铁回收率 98%。焙烧后 13 万吨选铁尾渣加工成活性材料。生产的铁精矿全部销售给钢铁厂、活性材料全部销售给水泥厂和商品混凝土搅拌站。可实现减排率 50%。

9. 重庆万州 100 万吨赤泥系统化处置及资源利用项目

该项目由政府牵头、多方出资，使用当地氧化铝企业所产生的赤泥。一期设计年处理100万吨（干基）赤泥生产线，包括5套20万吨/年“脱碱+提铁+发电”处置生产线、1套20万吨“烧涨陶粒”生产线、1套20万吨（硫铝酸盐）胶凝材料生产线以及相配套的公共辅助设施及生活福利设施。

工艺流程如图4-12所示。

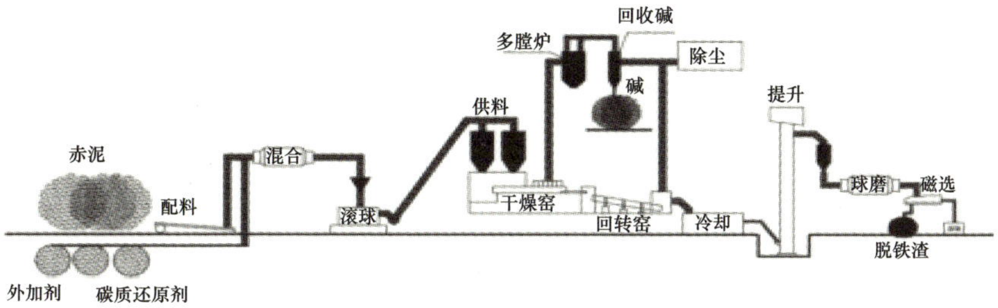

图4-12 赤泥提铁脱碱工艺流程

该流程优点是磁化焙烧第一步可大幅度降低回转窑磁化焙烧的风险；需要和赤泥性质结合，进行详细的经济核算和环保评价。

目前，该项目已完成政府备案，计划2025年竣工投产。

10. 青岛某环保企业短流程还原熔炼工艺

还原熔炼工艺先后有多家单位进行过多次实验，均没有进行产业化，现在依然有较多的企业在尝试推进。

青岛某环保企业采用“冷固结+熔融还原法”，是短流程熔炼的代表工艺。工艺流程（图4-13）：先将赤泥烘干、磨粉，然后加入黏合剂，在常温常压下做成球团，然后将球团送入固化反应塔，快速固化成型。再将固化好的球团送入赤泥处理炉进行熔融还原，分离出主要金属，碱收集系统会收集赤泥中的碱，剩余无碱熟料可用来制作矿渣水泥，砖等建筑材料。工艺中产生的余热被回收利用到赤泥烘干和余热发电，废气被回收利用到球团固化阶段。

该工艺流程优点是流程短、赤泥利用率高；缺点是投资大，性价比低，高能耗、高污染。工艺前半部分可以实现，后面回收钠是理论依据。目前正在山东淄博建设年处理 3 万吨的示范工程。

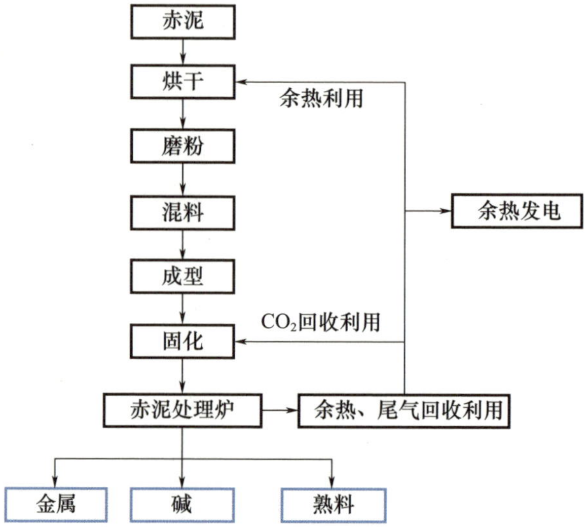

图 4-13　短流程熔炼工艺

另外，还有滨州等企业均以不同方式进行还原熔炼提取铁块和钠的技术流程推进。整体看来，此路径都还没有稳定运行的流程。主要瓶颈在于装备性能、投资性价比、环保资本的性价比等因素影响到技术经济性方面，装备技术攻关的影响比重占到 90%。

（二）赤泥回收其他金属

不同地区、不同企业所产生赤泥的主要化学成分与矿物组成差异较大。总体来说，赤泥中富含铁、铝、钛、钪、稀土元素（如 La、Ce、Nd）以及少量稀有金属（如钒、镓）等。

赤泥中的铝主要以非晶态铝硅酸盐（如钠硅渣）、氢氧化铝

[Al（OH）$_3$] 或氧化铝（Al_2O_3）形式存在，部分被铁、钙等元素包裹或结合，赤泥提铝主要有火法（烧结法、微波焙烧法、硫酸铵焙烧）、湿法（高压水化法）、酸法（硫酸、柠檬酸）以及生物浸出法、亚熔盐法、物理法等。

赤泥中的钛主要以钙钛矿和铁钛氧化物复合形式存在，少量以与氧化钙复合形式存在。赤泥提取钛主要有酸浸法（硫酸、硫酸—柠檬酸）、焙烧-酸浸、分选（重选、浮选）—酸浸等。

赤泥中的钪（Sc）主要有三种存在状态，一是以离子化合物形式赋存于矿物晶格中，二是以类质同象置换形式分散于矿物中，三是以离子状态吸附于某些矿物表面或赤泥颗粒间。钪作为稀散金属，在航空航天、新能源等领域具有重要应用价值，钪资源的高效回收近年来成为研究热点。据悉，自然界中已知的含钪矿物种类达 800 多种，但是独立存在的钪矿物资源比较少，一般情况下，矿石中的钪含量为 0.002% ~0.005%，则可以视作重要的钪资源。铝土矿中钪的含量一般超过 0.004%，而赤泥经提铝后，钪含量可富集至 0.01% 以上。据报道，钪储量中 75% ~80% 的伴生在铝土矿中，而铝土矿中有 90% 以上富集于赤泥中。赤泥提取钪及稀有稀散金属，主要采取酸浸—萃取、焙烧—浸出—萃取等方法。

赤泥金属的提取要根据目标金属富集程度，一般选择“预处理 + 分选 + 化学提取”的组合工艺。

典型案例：

1. 广西某氧化铝企业“高酸浸出结晶沉淀法回收赤泥中多种金属”

该企业与高校合作，通过结晶沉淀法回收赤泥中多种有价金属。

主要技术路线是采用浓酸浸出赤泥得到酸浸渣和酸浸液，然后通过降温，加入晶种诱导成核等方式，从液相中得到多种金属元素的混合晶体，再分步提取其中有价金属元素（图 4-14）。该工艺利用赤泥制备生产得到氢氧化铝、硫酸钙晶须、电池级磷酸铁、硅粉、偏钛酸、氧化钪等六种产品，并获得了授权发明专利。

(a) 现场压滤流程　　(b) 现场试验产品

图 4-14　高酸浸出提取赤泥多元素现场

该企业 2024 年完成规模 1 万吨/年的中型工业化试验，实现了浓酸溶出和溶渣分离，产出 6 类产品。其中，Fe、Al 元素的产品化率 70%，Ti 元素的产品化率 23%，符合浓酸直接浸出赤泥的规律。目前，中试赤泥整体残留为 30% ~40%。

该工艺技术优点是可以实现赤泥多元素的湿法提取；技术缺点是产品质量和技术成本存在相互制约，对设备耐腐蚀性能要求较高、原料适应性差，环保成本不好控制，难以做到清洁生产。

2. 郑州某研究院提钪技术研究

该院采取“一步萃取法高选择性浸出工艺”，得到Ⅱ型标准的二水磷酸铁产品，实现钪浸出率 80%。目前，该院正在研究酸浸渣和提钪废液的处置技术。

该技术亮点是通过活化预处理结合二氧化碳脱碱碳化，简化工艺流程，浸出率显著提高，同时实现助浸剂的循环利用；成本降低约30%，适合大规模工业化应用，被评价为“环保与盈利结合”的典范。

该技术已完成了赤泥提钪实验室研究，计划2025年进行工业试验并形成钪钛合金生产工艺。

3. 广西某氧化铝企业提钪技术研究

该企业通过含钛废酸液浸出赤泥中钪元素，赤泥中氧化钪的回收率为64.54%，项目通过赤泥和钛白废酸综合处理来实现废水达标、废渣无害化。赤泥→磁选（铁回收率85%）→碱浸（铝回收率72%）→稀酸提钪（纯度99.95%）。

目前，该技术已完成实验室研究，计划开展1万吨中试线的可行性研究工作。

4. 山东某氧化铝企业提钛技术实验

该企业利用赤泥直接酸溶液生产硫酸铝铁和聚合氯化铝铁净水剂产品，实现 TiO_2 富集到20%以上，得到颜料级钛白粉和氯化钪，并开展了尾渣烧制水泥熟料的可行性试验。但在推进过程中面临废酸液处理、尾渣熟料性能不稳定等问题，考虑环保问题，该企业未再进行深入研究。

同时，针对几内亚矿赤泥的特点，该企业2024年重新启动赤泥提取稀有金属计划，结合早期的技术成果和驻地市场的需求，重点对钛元素进行低成本提取研究，克服废液、废渣等二次环保处置难题，目前已完成实验计划编写。

5. 广西诺兰德赤泥综合利用项目

该企业正在与昆明理工大学、东北大学、中国科学院等高校、科研院合作，重点研究选铁后尾矿再利用技术，将尾矿中的钙、铝元素进行二次富集，替代部分氧化铝生产原料。目前该技术已在云南文山铝业、广西华银铝业实现产业化应用，效果良好。

（三）最新成果介绍

1. 中南大学无溶剂熔炼提取铁和钛

中南大学针对拜耳法赤泥铁含量达 50wt% ~60wt% 、TiO_2 含量 7wt% ~10wt% ，提出一种高效回收方法。该方法采用预还原—无熔剂熔炼联合工艺，核心步骤包括：一是预还原，赤泥与褐煤在高温下预还原，生成 FeO，调节后续熔炼渣性能，避免传统钙质熔剂导致的钙钛矿（$CaTiO_3$）形成；二是无熔剂熔炼，利用 FeO 降低熔渣熔化温度（从 >1700℃降至 1450 ~1550℃），抑制钛碳化（TiC/TiN）和硅还原等副反应，提升渣—铁分离效率；三是调控机制，FeO 促使金红石（TiO_2）转变为低熔点的铁假板钛矿（$FeTi_2O_5$），改善熔渣流动性。

实验结果：铁回收方面，预还原后赤泥（FeO 含量 4%）在 1600℃熔炼 60 分钟，铁回收率 93.6%，铁块品位达 99.6wt%（满足工业纯铁标准）；钛回收方面，熔渣中 TiO_2 含量 55.91wt%，可直接用于硫酸法生产钛白粉；熔渣优化方面，FeO 含量 10wt% ~20wt% 时，熔渣黏度降至 0.5 Pa · s 以下，铁损失最小。

该技术的特点：一是环保性，避免钙质熔剂使用，减少二次污染风险；二是高效性，通过 FeO 调控实现铁钛高效分离，熔炼温度降低约 200℃。

2. 山东恒远利废赤泥综合利用项目

该企业开发的瀑落式回转窑核心工艺及成套技术装备（图 4-15），可以有效实现赤泥煅烧还原选铁、协同制备高性能陶粒及仿玄武岩产品等多种资源化产品。该技术已完成实验室实验。

图 4-15　工艺流程

二、胶凝材料

赤泥的主要化学成分与硅酸盐水泥相似，包含 SiO_2、Al_2O_3、CaO，自身也具备一定的胶凝特性，可作为水泥掺合料替代部分水泥或水泥熟料；赤泥成分中富含硅铝物质和碱，赤泥在碱性激发剂作用下，硅铝酸盐矿物发生溶解—聚合反应，生成类沸石结构的聚合物凝胶（如 N-A-S-H 或 C-S-H 凝胶），可用于制备地聚物材料和新型胶凝材料；基于中钙体系胶凝材料理论，赤泥与多固废协同，用于矿坑回填等。

2024 年，中国赤泥制备胶凝材料 168 万吨，占我国赤泥利用总量的 12.17%，主要为普通硅酸盐水泥、特种水泥及充回填材料等。

典型案例：

1. 北京科技大学中钙体系胶凝材料

赤泥基胶凝材料的化学成分中 CaO 含量为 30% ~40%，且 CaO/SiO_2 =0.6~1.5，利用各种固废制备绿色高性能胶凝材料，即“中钙体系胶凝材料”。中钙体系胶凝材料充分利用了固废的成分特性，不同固废具有不同硅氧四面体聚合度，低聚合度物料可增强胶凝材料早期水化，高聚合度物料可提升材料耐久性及环境性能。中钙体系胶凝材料通过多聚合度匹配设计，利用硅的四配位同构效应和多固废复合协同效应，可实现赤泥等固废胶凝材料早期性能强化和后期耐久稳定。

赤泥—脱硫石膏—粉煤灰体系胶凝材料，固废掺加量超过70%，性能满足国标 42.5 硅酸盐水泥标准，Na^+ 固化率可达98.8%；赤泥—钢渣—脱硫石膏体系胶凝材料，固废掺加量超过70%，材料性能满足国标 42.5 硅酸盐水泥标准，压蒸膨胀率为0.003%；赤泥—磷石膏—高炉渣体系胶凝材料，固废掺加量达90%，材料性能满足国标 42.5 硅酸盐水泥标准，磷固化率为97%。

该技术在山西阳泉开展工业化示范，已建成年利用赤泥等固废200 万吨的一期工程（图 4-16），产品包括矿山充填材料、公路水稳层材料、轻质墙体材料、免烧砖等制品。

该技术优点是响应国家绿色低碳战略，固废利用量大，成本较普通水泥低 20%；缺点是必须要与其他固废（矿渣粉等活性组分）协同处置，否则反应体系无法建立。

2. 广西某氧化铝企业向周边水泥生产商供应赤泥

水泥生产需要 1% ~3% 的铁质材料，目前水泥生产所需的铁质材料主要有低品位铁矿石以及硫酸渣、铜渣等尾矿。其中铜渣作为水泥铁质材料，具有铁含量高（氧化铁平均含量达到 62%）、

图 4-16　固废基胶凝材料生产现场

水分低以及流动性强（呈颗粒状）等优势。

广西某氧化铝企业针对水泥厂需求，对所产生的拜耳法赤泥进行预处理后，销售给周边水泥厂。该企业与广西多家水泥基地建立合作关系，打破了广西地区铜渣在水泥铁质材料中一家独大的局面。同时，该企业在完成固废跨省转移利用备案后，通过“公—铁—海”多联发运形式，将赤泥销售半径最远扩展至 1500 公里。该企业 2020—2024 年销售赤泥给水泥厂实现创效超千万元。

3. 山东某氧化铝企业开发赤泥特种胶凝材料

该企业开发了赤泥特种土木胶凝材料、特种海工胶凝材料生产线（图 4-17 至图 4-19）。

图 4-17　特种土工胶凝材料

图 4-18　特种海工胶凝材料

图 4-19　生产线

4. 其他

山西柳林某氧化铝企业正在进行赤泥基制备充填材料工业化试验，用于地下采矿的采空区的充填，目前该技术已取得突破，正在办理相关应用手续。

河南百奥恒公司与中铝中州联合建设的赤泥基低碳地质聚合物水泥生产线已完工。

烟台市龙口东海氧化铝有限公司与北京建工环境修复股份有限公司合作对赤泥开展改性充填材料实验，目前实验室成果已完成，改性后材料的环境影响低于一般工业固体废物一类标准以及地下水质量三类标准，正在开展中试成果鉴定。

三、粉体材料

利用赤泥生产硅铁粉、高铝钙粉、硅铝粉、赤泥基土等粉体材料。

2024 年，赤泥基粉体材料用量 116 万吨，占我国赤泥利用总量的 8.41%。

典型案例：

1. 山东某氧化铝企业赤泥基粉体材料和“中国红”粉体填料

该企业充分利用赤泥中含铁较高的组分优势，通过独有技术，进行分质化处理，开发出了硅铁粉系列产品（图4-20），已具备5000吨/日产能。该企业经过提质改造，打破了2000吨以下锅炉使用壁垒，突破了在6000吨锅炉的应用。

该企业2024年销量135万吨，2025年将继续提高分质工艺，提高消纳量。

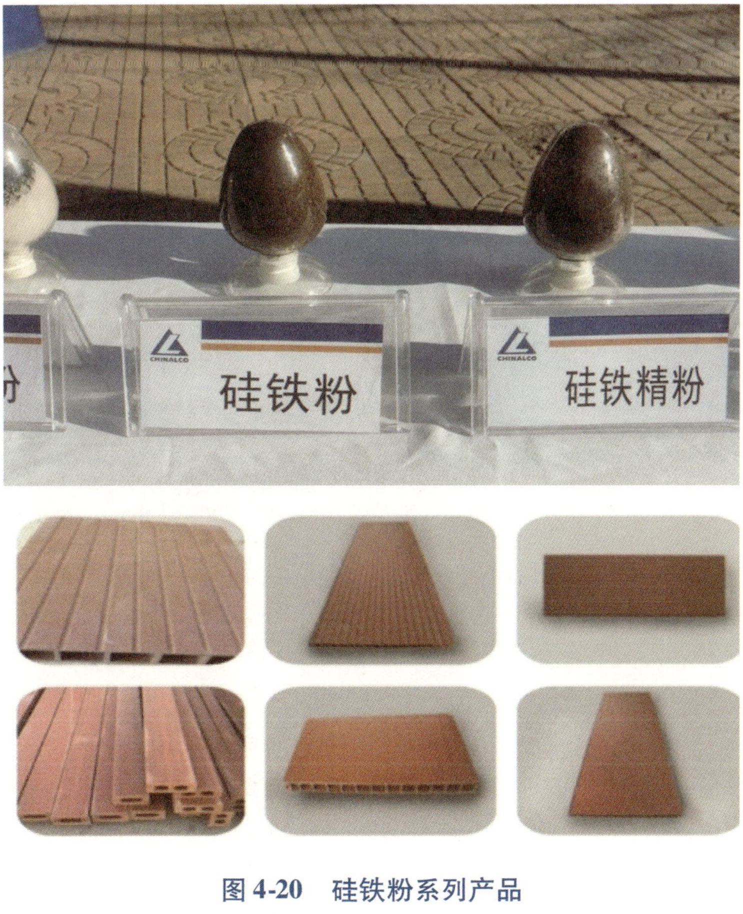

图4-20　硅铁粉系列产品

2. 广西某新材料公司高钙铝粉

该企业利用赤泥选铁后的尾矿提取高钙铝粉，再应用于氧化铝企业，进一步提高赤泥利用率 25% ~30% 。

四、路用材料

赤泥路用材料是规模化消纳赤泥的一个大的路径，一直是赤泥利用研究的热点，路用材料的消纳问题主要集中在两方面，一是环保问题，二是成本问题。当前已开展大量路用材料的机理和成本、环保控制的研究，主要针对稳定性调控的技术进行研究。目前已利用赤泥生产出路基材料、路面材料、水稳材料、轻质土、工程填筑材料、路缘石及路用构件等（图 4-21）。

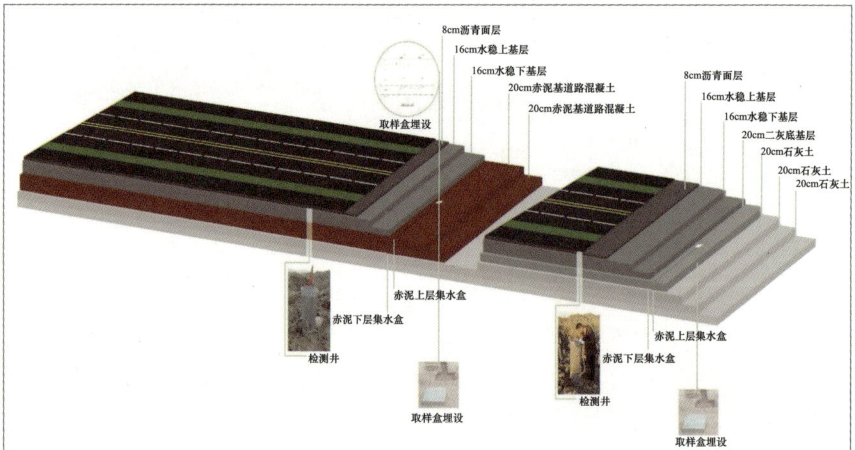

图 4-21　利用赤泥生产出的路用材料

2024 年，我国路用材料消纳赤泥 46 万吨，占我国赤泥利用总量的 3. 33% 。

典型案例：

1. 赤泥-CFB 粉煤灰基路面基层材料

利用赤泥、CFB 粉煤灰、煤矸石等固废协同制备的路面基层材料，总固废掺量可达 97% 以上，其中赤泥的掺量不低于 30%。

该技术原理是利用 CFB 粉煤灰中的不稳定组分 SO_3，反应生成钙矾石，提升路面基层材料的早期强度，利用赤泥中的碱，加速了 CFB 粉煤灰中 f-CaO 的硅酸化。制备的路面基层材料强度等性能均满足国家高速公路和一级公路重载交通要求，耐久性优于国家标准。基于硅对铝的配位同构，赤泥中重金属离子得到了有效固化，其中 As 固化率 96.5%、Hg 固化率 91.4%、Zn 和 Pb 固化率近 100%，浸出液中各类重金属浓度均满足《生活饮用水卫生标准》。

该技术作为协会联合攻关课题，由北京科技大学联合河北文丰实业集团、中国环境科学院，在河北曹妃甸地区开展了工业化试验（图 4-22），实验区域面积约 1.5 万平米，水稳压实厚度 300～600mm。

项目已建成并通过了技术与环境风险专家评审。赤泥掺量可达 40% 以上，成本较传统材料低 20 元/吨。

图 4-22　施工现场

2. 河南某技术公司赤泥路用材料

该企业与当地氧化铝企业合作开发赤泥路用材料。技术路线是土壤成岩技术，通过加入添加剂，改善赤泥黏聚力、内摩擦角、抗冻融性、强度和透水系数，提高其抗剪切强度，主要用于山林湖草沙生态修护和环境治理以及道路施工。

该技术优点是采用建筑冗余内防水（背水面防水）技术控制碱的溢出，有很好的效果；缺点是对于高碱赤泥固化的成本和空间的成本偏高，后期路用指标有待跟踪。该技术已在青岛、湖南危险固废协同处理等领域应用（图 4-23）。

图 4-23　利用赤泥做的型材产品

3. 山西阳泉赤泥基路用材料生产线

山西阳泉与北京科技大学合作，总投资 5 亿元建厂，占地 155 亩，建成多条赤泥生产线（包括道路基层材料 1 条），规模为年产 75 万 m^3（图 4-24）。该材料在山西省阳泉市 207 国道、宁波北路的试验路段投入使用，质量良好、稳定；在山西省 239 国道、214 国道等进行工程应用，车流量 500～600 台/h（重载车居多），各项指标均达标。

4. 广西平果赤泥基路用试验

中铝股份赤泥综合利用技术中心、中铝广西分公司联合广西环科院、广州大学等机构、院校和企业专家，研究广西堆积型铝

图 4-24　项目现场

土矿赤泥路用材料和技术，并在广西平果铝园区内部建设了 1.5 公里赤泥基试验路段。首次在重载等级公路全路面（基层 + 面层）采用全赤泥基材料，成为世界首条赤泥规模化利用示范道路，经国内权威专家评审认定，技术达到国际领先水平，具有可推广使用前景。

5. 深圳大学赤泥-锰渣路用材料

赤泥与电解锰渣之间存在良好的复合协同反应效果，赤泥中的 OH-离子能和电解锰渣中的 Mn^{+} 和 NH^{4+} 发生化学反应，生成 $Mn(OH)_2$ 沉淀和 NH_3，此外，电解锰渣中的 SO_4^{2-} 还能促进反应的进一步进行，消除赤泥中的碱性组分。经研究，通过调控赤泥—锰渣体系的 Ca/Si 比和 Si/Al 比，不仅能够激发胶凝活性，还能提升重金属元素固化率，且环境浸出指标合格。目前，已将该技术用于制备混凝土、路基材料及道路材料等用途。

五、建陶材料

赤泥中的 Al_2O_3、SiO_2 在高温下可形成稳定的硅酸盐结构，赋予材料强度和耐久性；赤泥含有 Na_2O 等碱性成分助熔并促进玻璃化，可固定重金属。利用赤泥生产建陶材料技术比较成熟，可生产砖、瓦、砌块、复合板材、复合地板、装配式建材、陶粒、轻骨料、陶瓷、琉璃、微晶玻璃、岩棉、木纤维复合制品等。

2024 年，受建筑行业整体影响，我国赤泥在建陶材料领域利用量仅 30 万吨，占我国赤泥利用总量的 2.17%。

典型案例：

1. 山东某建材有限公司

该企业用赤泥生产高温烧结砖（图 4-25 和图 4-26），技术成熟，产品种类丰富，风格多样，多场景应用；开发赤泥烧结陶瓷原料、步道砖、透水景观砖原料，赤泥掺配比例超 30%。

图 4-25　部分烧结砖产品展示

2. 广西某保温材料公司

该企业利用赤泥做配料生产岩棉（图 4-27），同时利用高炉温度高达上千摄氏度的特点，同步回收赤泥中的铁金属，有效降低生产成本，生产线设计产能 4 万吨/年，年可消纳赤泥 1 万吨以上。

图 4-26　烧结炉

图 4-27　赤泥基岩棉材料

3. 山西某氧化铝企业

该企业与研究机构合作，推动赤泥在水泥窑协同、煤矸石烧结砖、灰陶琉璃产品、混凝土外加剂等方面的利用。目前，该企业正在建设赤泥、重钙采矿玻璃渣土处置及资源化综合利用生产线高档烧结陶瓷玻化墙材项目。

4. 贵州某氧化铝企业

该企业年产生赤泥约 100 万吨，与研究机构合作研发了赤泥基材料，自主研发并建设了一条年消纳赤泥 23 万吨的赤泥综合利用生产线。

六、其他

近年来，利用赤泥脱碱技术一直是赤泥利用研究的热点方向，赤泥脱碱主要方法有水洗脱碱法、石灰脱碱法、碳化脱碱法、盐类脱碱法、钙化—碳化脱碱法及细菌法、膜分离法等。利用赤泥做脱硫剂、复合净水剂、土壤改良剂、催化剂等试验和探索不断取得突破，利用已关闭赤泥库投资建设的光伏项目已成功投用。

典型案例：

1. 遵义某氧化铝企业脱碱项目

该企业与贵阳师范大学联合开发了酱酒废水强化赤泥脱碱成土技术。该技术原理是：酱酒废水呈酸性，用酱酒废水与赤泥为初始废物原料，按照不同比例掺混后陈化一定时间后进行脱碱和脱盐处理。该技术前期已完成 100 吨赤泥的放大实验（图 4-28）。

图 4-28　100 吨赤泥的放大实验及其效果

该技术申报了遵义市科技重大项目，获得政府资助。该技术已完成1万吨级规模赤泥改性土壤化利用中试试验。该技术优点是结合当地区域优势，以废治废，技术路径成本低、经济性可行；缺点是由于发酵和拌合需要堆存时间，流程和产业推进阻力偏大，会导致处理量偏低。

2. 广西某氧化铝企业赤泥脱碱

该企业利用园区内废酸对赤泥进行中和处理，将脱碱赤泥用于赤泥坝护坡及复垦，已完成900平方米的赤泥土壤化种植实验，实现了“以废治废”。

3. 广西赤泥土壤化研究

广西某氧化铝企业与广西产研院智慧农业研究院有限公司合作研究的“赤泥快速土壤化”技术正在稳步推进。中南大学联合广西环科院技术团队在广西氧化铝企业赤泥堆场建立200平方米试验区，协同开展赤泥脱碱土壤化改良技术试验研究及环境风险评估工作。

4. 遵义某氧化铝企业赤泥脱碱工艺

该企业年产生赤泥约140万吨。为降低产品碱耗，提高市场竞争力，该企业与科研院所合作交流，结合生产实际，创新性提出利用沉降洗涤系统对赤泥进行脱碱。赤泥脱碱项目运行期间，每吨氧化铝碱耗降低约20%。

5. 山东某氧化铝企业赤泥库光伏项目

该企业利用已关闭的赤泥库，投资7569万元建成18.9兆瓦光伏发电项目（图4-29）。

6. 贵州某企业赤泥无害化试验

该企业正在清镇市启动试验赤泥无害化改性材料用于矿山生

态修复项目，种植芦竹复垦绿化，并将芦竹用于生产生物质颗粒燃料，形成可再生能源产业链。

图 4-29　光伏项目现场

第五章　产业体系

赤泥产生在氧化铝企业，其综合利用主要在其他行业，如钢铁、交通、建材等。赤泥综合利用产业体系主要从应用场景的视角看赤泥产品用在哪个行业，用户在哪里。

一、赤泥 + 钢铁

赤泥含有铁、钠等有效成分，赤泥及赤泥基产品在钢铁行业具有多重应用价值，如替代炼铁原料，经过预处理的高铁赤泥可转化为高纯度的炼铁原料，直接替代铁矿石；高铁赤泥可与铁精矿等一起烧结造块，进高炉还原；赤泥提取氧化铁粉，可直接进入高炉炼钢；可作为炼钢溶剂（造渣剂/助溶剂），提升炼钢过程中的脱硫脱磷效率，提高钢水纯净度，处理高磷铁水，同时可提高钢渣的可利用性。据测算，掺入赤泥氧化铁粉进行钢铁冶炼后，可使吨钢成本降低 100 元以上。

典型案例：

1. 山东钢铁股份莱芜分公司

该公司具有烧结球团和 3800m^3 高炉炼铁生产线，目前赤泥氧化铁粉添加量最高可达 8%，2024 年已经利用赤泥近 15 万吨

（图 5-1 和图 5-2）。

图 5-1　协会赤泥推进办赴企业现场调研

图 5-2　应用场景

2. 防城港某耐火材料有限公司

该公司利用赤泥生产炼钢转炉助熔脱磷剂，赤泥掺加量可达 85% 以上。吨钢需用脱磷剂 3 ~ 5 公斤，使用该脱磷剂后，可保持炉渣具有适当的黏度，缩短冶炼周期，提高脱磷率，钢渣最高可减少 30%。去年产量 8 万吨，部分产品出口海外，目前该公司正在扩建，扩建后产能可达 30 万吨/年。

3. 广西某环保科技公司

该公司与中南大学、中国矿业大学等产学研联合，研发、生产和销售赤泥环保产品，目前已建成投用高效化渣剂供应钢铁生产线，赤泥添加量可达 90% 以上，年处理赤泥能力 5 万吨（图 5-3和图 5-4）。该公司生产技术路线成熟，流程短，效益好，产品远销山西等地。

图 5-3　高效化渣剂

图 5-4　高效化渣剂包装待售

二、赤泥＋交通

赤泥在交通领域的应用广泛。在道路工程中，它可用于路基填筑、路面基层和改良土，也可作为泡沫轻质土材料用于路基填筑。此外，赤泥还能制作成改性混凝土，用于装配式路基、预制构件及采空区填充。在特殊场景中，赤泥基胶凝材料能替代水泥，用于道路、桥梁、隧道等工程。

典型案例：

1. 济青高速改扩建工程

拜耳法赤泥在济青高速改扩建工程建设中的应用，是世界上第一次将拜耳法改性赤泥应用于高速公路路床填筑建设的案例。该工程采用厂拌法和路拌法分层施工，填筑厚度 0.8 米，全长 4.9 公里（图 5-5）。根据后期试验检测与环境影响监测，赤泥路床的路用指标和污染性控制指标完全满足国家相关规范要求。

图 5-5　现场展示

2. 山西阳泉国道赤泥示范路段

山西省阳泉市207国道、宁波北路的示范路段（图5-6），投入使用已超六年，目前，该路段质量良好、稳定。

图5-6　项目现场

3. 赤泥基路用构件

利用赤泥生产排水沟渠、路沿石、边沟、护岸等利用构件（图5-7至图5-9）。赤泥制备排水渠构件主要用于道路建设。

图5-7　赤泥基排水构件

图5-8　赤泥基混凝土路沿石

图 5-9　赤泥边沟护砌、护岸材料

三、赤泥 + 建材

赤泥基免烧砖、烧结砖、胶凝材料等已广泛应用于市政、园林及海洋建筑等。

1. 赤泥基陶土砖

山东某建材公司生产的赤泥基清水页岩陶土砖，美观、庄重、典雅、耐酸、耐碱，经久耐用，通过多种规格设计，可用于装饰建筑的内外墙承重、装饰和维护。该砖已应用于多个建筑（图 5-10 至图 5-12）。

图 5-10　滨州中科研究院（中科院建筑设计研究院设计）

图 5-11 北京邮电大学沙河校区教学楼
（中国建筑设计集团公司设计）

图 5-12 新华 1949 文化金融与创新产业园项目
（北京城建设计发展集团公司设计）

2. 赤泥基透水烧结砖

山东某建材公司生产的赤泥基透水烧结砖，已成功应用于市政、园林等建设（图 5-13）。

3. 赤泥烧结陶粒

赤泥陶粒是一种轻质、高强度的建筑材料，具有密度小、强度高、吸水性好、抗冻性能强、耐酸碱腐蚀等优点，可应用于建筑、园林、环保等领域。山东某公司研制出一种瀑落式回转窑成套技术装备，可以同步生产制备高性能陶粒等产品（图 5-14）。

北京顺义建筑企业集团公司施工项目

济南明仁置业有限公司施工项目

湖北新琦建筑装饰有限公司施工项目

上海梦艺景观工程有限公司施工项目

河北大地绿洲园林有限公司施工项目

山东世博园林工程有限公司施工项目

葫芦岛市万和建筑工程有限公司施工项目

河北大地绿洲园林有限公司施工项目

图 5-13　应用项目展示

图 5-14　产品展示

4. 赤泥基建筑模板

图 5-15 为赤泥基建筑模板应用场景。

图 5-15　应用场景

5. 赤泥基胶凝材料

图 5-16 为赤泥基胶凝材料应用场景。

图 5-16　应用场景

四、赤泥 + 粉体

赤泥作为粉体填料，广泛应用于各种构件。

1. 江苏某模板科技公司

该公司与北京科技大学团队成立固废协同利用技术中心，将赤泥研制为生产 PVC 材料的填充材料，将生产的 PVC 板与建筑模板进行结合，开发出新型塑钢复合模板。

模板面板材料以聚氯乙烯为原料，赤泥为主要填充材料，赤泥添加量可达 50%。赤泥粉体材料作为充填材料，可提升面板材料的硬度、耐氧化性、耐紫外线和热稳定性等，加工性能良好。该公司创新传统模板结构，将赤泥粉体材料应用于新型塑钢复合模板。图 5-17 为协会赤泥推进办考察模板生产现场。

图 5-17 协会赤泥推进办考察模板生产现场

2. 其他赤泥基产品

图 5-18 为应用赤泥制备的园林、公共设施；图 5-19 为应用赤泥制备的注塑托盘；图 5-20 为应用赤泥制备的塑料管材；图 5-21为应用赤泥制备的木塑板；图 5-22 为应用赤泥制备的 PVC 板材。

图 5-18　赤泥制备园林、公共设施

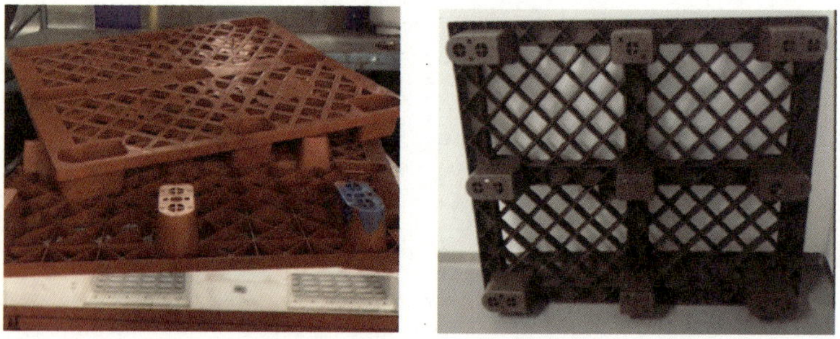

图 5-19　赤泥制备注塑托盘

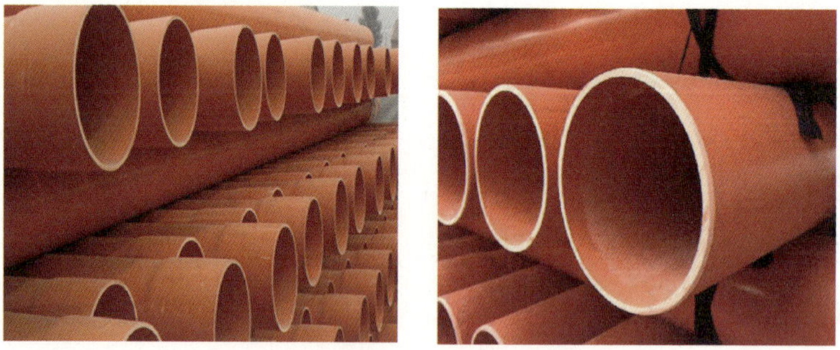

图 5-20　赤泥制备塑料管材

图 5-21　赤泥制备木塑板

图 5-22　赤泥制备 PVC 板材

五、赤泥 + 其他

赤泥库原位生态修复、土壤化等方面的应用。

1. 国电投山西铝业赤泥库原位生态修复

该企业投资 1.34 亿元，实施了国内最大湿库闭库项目（图 5-23），项目采用了国内首创技术并形成 2 项发明专利。

图 5-23　国电投赤泥库现场图片

2. 贵州某氧化铝企业已关闭赤泥库（图 5-24）

图 5-24　贵州某氧化铝企业已关闭赤泥库

3. 山东某氧化铝企业已关闭赤泥库（图 5-25）

图 5-25　山东某氧化铝企业已关闭赤泥库

第六章　服务体系建设

赤泥综合利用难度大、涉及领域多，赤泥综合利用服务体系建设旨在整合各方资源，为赤泥综合利用提供全方位的支持，推动氧化铝企业“减量化、清洁化、资源化”，推动赤泥研究和利用单位提高积极主动性，促进赤泥综合利用“产学研用”全产业链跨界合作，协同发展。本部分内容重点从信息平台、创新平台、交流平台、政策支持、智库建设等方面，就目前进展、发展方向进行描述。

一、信息平台

（一）目前进展

协会赤泥推进办是目前全球唯一对赤泥数据进行系统填报的机构，定期发布行业信息。协会赤泥推进办自成立以来，开展了大量的调查研究，摸清了国内赤泥库的数量、堆存量情况，规范统一了赤泥数据填报口径并形成月度、年度发布制度，首次建立了国内唯一赤泥综合利用数据库。数据库依靠考察调研和行业会员信息完善数据，重点是三库建设——“数据库、人才库、项目库”。数据库信息主要包括赤泥库信息、赤泥堆存情况、赤泥产生和利用情况等，人才库包括国内外高等院校、研究机构、企事业单位等行业专家、学者，项目库重点跟踪国内赤泥综合利用建成、运营及在建的工业化示范项目。

同时，协会赤泥推进办还积极收集汇总国家和各地政府针对赤泥综合利用相关的政策法规、标准规范以及国内外赤泥最新研究成果、典型案例、技术文献、专利、研究报告等资料。

近年来，协会基于数据库、专家库等资源，通过年度赤泥综合利用发展报告、“中国赤泥综合利用”微信公众号、各种形式报告会等，公开分享信息。协会受政府部门委托，组织开展了赤泥综合利用政策研究，研究完成了《大规模低成本消纳赤泥的方向》，提交了《黄河流域赤泥绿色利用研究报告》，提出《关于尽快消除赤泥对黄河流域的生态危害的提案》。同时，根据企业的需求，协会向多家赤泥生产单位和利用企业提供了行业咨询报告，提供了行业动态、思考和建议等。

（二）发展方向

一是进一步统一数据口径。协会数据主要来自调研考察和企业自主报送，来源复杂、成分复杂等，数据口径没有国家统一的规范标准，存在不统一不规范现象，急需制定相应的行业规范标准。

二是进一步规范赤泥产品名称。赤泥产品名称不统一，比如赤泥回收氧化铁粉，有铁精矿、铁精粉、铁精矿粉、铁矿等各种称呼，导致赤泥产品在享受国家增值税返还政策方面带来困扰，急需统一赤泥产品定义和名称，统一各部门的认识，避免激励政策执行障碍。

三是进一步加强数据的统一管理。赤泥统计数据未纳入国家统计管理范畴，没有国家集中统一的数据管理部门。目前，协会收集数据的手段主要是调研和申报，为保障数据的真实性和可靠性，需多方验证核实，成本高、效率低、收集难度大。数据收集不具有约束性，应进一步加强统计集中管理。

四是进一步加强数据动态监管。目前，协会对赤泥数据缺乏有效的在线监测和实时监管手段，部分企业对赤泥数据统计的重视程度不够，存在瞒报、漏报、虚报等问题，应建立赤泥产生、运输、处理、利用全流程数据平台，实现动态监管。

二、创新平台

（一）目前进展

一是协会赤泥推进办组织了联合攻关。为了集聚有限资源，加快赤泥综合利用产业化进展，协会针对赤泥综合利用的关键技术难题，组织实施了首批联合攻关，出题目发指南，通过“揭榜挂帅”方式，层层筛选出 7 个项目，包括软科学研究、关键技术攻关、工业化试验和产业化示范，有院企联合、企企联合等，并签订了任务书。后续，协会将组织对项目进行阶段性评价验收，加快试验和成果转化进度，开展示范工程建设。协会还将制定联合攻关项目管理办法，对联合攻关项目进行规范化、制度化、常态化管理，并启动第二批联合攻关。

二是各类技术创新研发平台建设。中铝山东有限公司早在 1954 年就与原建筑工业部材料研究院合作，开展了赤泥综合利用试验研究；中铝股份赤泥综合利用技术中心，是中铝集团赤泥综合利用领域的重要研发平台；东北大学有色固废技术研究院，是国内第一个专注于氧化铝赤泥无害化和低品位铝土矿处理的专业化新型研发平台；百色学院赤泥资源化综合利用绿色技术协同创新中心，是由百色学院牵头，联合中铝股份赤泥综合利用技术中心等单位成立的，旨在推动赤泥的绿色化、规模化、低成本化、高价值化综合利用；贵阳市赤泥综合利用研究院，由贵阳市铝产业技术创新中心和贵州华锦铝业有限公司共同建设，旨在攻克赤泥无害化处理和规模化利用难题；河南省推动中州铝业等培育建成省级高值化赤泥综合利用工业性试验验证平台 4 个；山西省依托太原理工大学、山西大学等高等院校，成立了赤泥基全固废胶凝材料应用省级技术创新中心等。

（二）发展方向

一是研究建立国家级赤泥综合利用研发技术中心或国家重点实验室。建立国家级研发平台，可以更加有效的集中优势资源，统筹推动赤泥综合利用基础理论研究、科技创新等，加快低成本脱碱、重金属固化、稀有金属提取等关键共性技术攻关，推动氧化铝生产企业、赤泥综合利用企业、综合利用产品使用企业和高校、科研机构等加强合作，形成合力，有效促进赤泥综合利用科研成果转化。

二是继续深化和拓展联合攻关。例如，跨界合作力度还需加大，吸引更多的钢铁、交通、建材、化工等利用场景企业加入；组织跨国联合攻关，推动赤泥综合利用技术、装备、产品等“引进来”“走出去”；组织产业联盟，吸引更多的“产学研用”全产业链企业、院校、研发机构等，加强交流与合作，建立稳定的合作机制，系统创新，共同推动技术研发、标准制定、市场推广等，形成产业发展合力。

三、交流平台

（一）目前进展

国际交流方面：协会联合国际铝业协会，在中铝集团、力拓集团的支持下，自 2023 年开始，每年组织赤泥综合利用国际论坛，在国内外城市轮流召开。截至目前已连续举办 2 届，2023 年在中国郑州召开，2024 年在法国里昂召开，邀请来自国内外的专家学者交流分享。这是目前全球唯一专题讨论赤泥综合利用的国际化交流平台。

国内交流方面：协会每年组织技术成果交流会、行业发展发布会等，为企业搭建分享经验、交流共识的平台。2024 年，受广西百色市政府委托，协会在广西百色组织召开了赤泥综合利用现场交流会，发布了《赤泥综合利用百色实践及钢铁行业应用前景》白皮书。同时，协会每年会接待大量协调需求，例如，有赤泥需要技术支持的，有研究成果需要工业化试验的，有实验成果需要提供应用场景的。

（二）发展方向

一是加强与国际铝业协会等国际机构交流互访。组织开展赤泥成分分析和分类的国际研究工作；加强与国际企业的合作，开展技术交流，推动国内赤泥利用技术“走出去”；推动赤泥相关标准的国际互认，探索研究赤泥国际标准建设。

二是加强国内交流合作。定期组织行业会议、技术成果交流、应用场景示范、典型案例推荐等专题活动，积极宣贯产业政策，交流技术成果，增进行业共识，宣传赤泥的资源属性和可安全利用的观念，推动形成有利于赤泥综合利用的良好社会氛围。

四、政策支持

（一）目前进展

为了应对赤泥带来的环境和资源问题，我国政府出台系列相关政策法规，鼓励和支持赤泥综合利用。

顶层设计方面：法律法规层面，国家出台了《中华人民共和国固体废物污染环境防治法》。政府部门出台的《“十四五”循环经济发展规划》（发改环资〔2021〕969 号）、《关于“十四五”大宗固体废弃物综合利用的指导意见》（发改环资〔2021〕381 号）、《关于加快推动工业资源综合利用的实施方案》（工信部联节〔2022〕9 号）等文件，对赤泥综合利用做出顶层设计，提出要求和目标。2024 年 12 月，工信部联合六部门出台了《赤泥综合利用行动方案》（工信部联节〔2024〕225 号），该方案是国家“十四五”期间第一个专门针对赤泥的政策性指导文件，提出赤泥综合利用目标“到 2027 年，新增赤泥综合利用率达到 15%；到 2030 年，新增赤泥综合利用率达到 25%”。该方案聚焦推动赤泥源头减量、扩大综合利用规模、拓展综合利用新场景、提升技术创新能力、加强产业统筹布局和协同发展等，系统提出各项具体工作任务。《国家工业资源综合利用先进适用工艺技术设备目录（2023 年版）》，将赤泥分质降碱工艺技术、烧结法配置工艺技术等列入，推动技术创新。地方层面，山东、广西、贵州、河南等地都成立专班或研究院推动赤泥综合利用，山东省出台《山东省赤泥综合利用办法》；广西百色市印发《百色市赤泥综合利用工作方案》，提出到 2025 年，百色市应用和推广 3 项以上规模化利用赤泥的先进适用技术，培育 3 家以上年综合利用赤泥量超过 100 万吨的重点骨干企业，新增赤泥综合利用率力争达到 30%，实现历史堆存逐步消化。

标准规范方面：截至目前，已发布赤泥国家标准行业、团体 23 项。《赤泥回收硅铝粉》《赤泥回收硅铁粉》22 项行业标准已完成了立项，《赤泥堆场原位生态修复工程技术标准》《赤泥烧结透水路面砖》完成了专家论证。生态环境部发布了《赤泥利用污染控制技术规范（征求意见稿）》，交通运输部发布了《公路工程工业废渣应用技术规范（征求意见稿）》，在其中专设了“赤泥路基和基层”章节。

税收优惠方面：《中华人民共和国环境保护税法》规定，每吨赤泥环保税额为 25 元；《资源综合利用产品和劳务增值税优惠目录》，提出了对符合技术标准和相关条件的赤泥综合利用产品给予 50% 的退税优惠。

资金支持方面：国家有关部门投入专项资金近 7000 万元，支持赤泥综合利用重点技术研发和示范项目建设；中央财政通过工业转型升级资金、生态保护修复资金等支持示范项目。山东省为鼓励各地加快赤泥综合利用，2024 年首批确定淄博市张店区为全省赤泥综合利用试点基地并给予 80 万元财政奖励；贵州省 2023 年至 2024 年，投入约 1500 万元资金支持赤泥资源化利用。

金融政策方面：提供绿色信贷和债券支持，符合《绿色产业指导目录》的赤泥项目可申请绿色信贷或发行债券，用于技术研发和产业化；提供绿色采购支持，政府优先采购赤泥基建材用于公共工程，比如赤泥路基材料应用。

（二）发展方向

一是完善标准与政策协同。目前，赤泥基建材、路基材料、矿坑回填、矿山充填等缺乏统一的国家标准，影响市场推广和接受度，需加快制定完善赤泥产品标准；赤泥利用涉及发改、工信、环保、住建、交通、自然资源、财税等多部门，政策执行分散，需建立跨部门协调机制。

二是强化经济激励。税收优惠和奖励政策有限，企业因成本高、收益低缺乏动力，需设立专项基金支持技术研发，加大资金帮扶力度；创新融资模式，吸引社会资本参与赤泥综合利用产业发展。

三是加强国际合作。借鉴欧盟经验，探索跨国技术合作与标准互认。

五、智库建设

（一）目前进展

协会赤泥推进办成立以来，首次聚集了来自氧化铝企业、赤泥利用企业、赤泥研究单位以及高等院校等赤泥全产业链跨行业跨领域的教授、专家、学者，搭建了赤泥综合利用人才库、专家库。借助专家库，协会组织开展了相关政策研究，联合攻关项目筛选和评审，编制年度行业发展报告，组织线上线下专题研讨会、交流会等，有力促进了赤泥综合利用的技术进步和行业共享。

赤泥综合利用领域的人才培养和队伍建设已取得初步进展，但仍存在人才短缺、人才结构不合理和人才培养机制不完善等问题。如高端人才和复合型人才匮乏，在技术研发、产品创新等方面缺乏足够的智力支持；跨学科知识和实践经验的专业人才相对短缺，尚不能满足产业发展的需求。

（二）发展方向

一是加强人才培养体系建设。鼓励更多高校和科研机构开设与赤泥综合利用相关的课程，培养专业人才；通过政策引导和激励措施，吸引更多高端人才和复合型人才进入赤泥综合利用领域；加强人才流动和交流，促进人才在不同领域和地区之间的合理配置。

二是加强国际合作与交流。继续加强与国际先进国家和地区的交流与合作，引进和培育更多高层次人才；通过国际合作与交流，推动赤泥综合利用技术的引进、消化、吸收和再创新。

三是建立激励机制。对在赤泥综合利用领域做出突出贡献的人才给予表彰和奖励。

第七章　国外赤泥综合利用基本情况[①]

一、发展概况

（一）政策支持方面

各个国家和地区采取各种政策支持赤泥综合利用。

1. 欧盟

欧盟一直大力支持企业探索赤泥用途并鼓励循环利用。

2015 年，欧盟“地平线 2020”计划，设立了 370 万欧元的欧洲培训网络——MSCA 零废物赤泥高值化项目，资助 15 名博士研究生研究从赤泥中回收材料和高值化利用。该项目重点是提取铁、铝、钛和稀土元素（包括钪）以及生产新型建筑材料。

欧盟还设立了两个欧洲创新项目，分别是爱尔兰的 BRAVO（赤泥及铝的增值利用）项目和希腊的 Mud2Metal（从赤泥中回收关键金属）项目，旨在将行业、研究人员和利益相关者聚集在一起，探索赤泥回收关键原材料和再利用最佳技术。这两个项目列入为期四年的研究项目 RemovAl 中，自 2018 年 5 月起获得了

① 本部分内容主要来源于“国际铝协”英文资料，英文中对赤泥一般描述为“bauxite residue”，本部分内容将其译为“赤泥”。

欧盟约 1150 万欧元的资金。Mud2Metal 项目由希腊梅特伦（METLEN）能源与金属公司进行工业化试验，内容包括：稀土回收（包括钪回收、镓回收）、氧化铝回收；生产用作绝缘材料的粉体填料；研发新型可持续地质聚合物胶凝材料；利用煅烧铝土矿残渣（辅助胶凝材料，SCM）制备高性能砂浆；土壤稳定化处理（用于道路基层）；硅铁生产；微波处理拜耳法赤泥（BR）；拜耳法赤泥脱碱/碱回收以及将拜耳法赤泥渣用作水泥中的辅助胶凝材料和矿物棉生产。

其他涉及赤泥应用的项目还有：ENEXAL（铝工业能耗）［2010—2014］、EURARE（欧洲稀土资源）［2013—2017］以及近期的 ENSUREAL（氧化铝可持续生产）［2017—2021］、SIDEREWIN（可持续的电冶炼铁）［2017—2022］和 SCALE（欧洲钪-铝）［2016—2020］等。SCALE 项目中，有 700 万欧元用于研究从赤泥中回收钪。

2020 年 11 月，欧盟启动了 ReActiv 项目——研究工业废料活化用于可持续水泥生产。该项目为期 4 年，由全球领先的水泥公司拉豪（Holcim）发起，与 7 个主要氧化铝生产商和来自 12 个欧洲国家的 13 个其他合作伙伴合作，旨在创建新的可持续共生价值链，将铝行业生产的副产品与水泥生产行业链接。在 ReActiv 项目中，对铝生产和水泥生产工艺进行改造，通过新的 ReActiv 技术将它们连接起来。该技术改变了工业残渣的性质，将其转变为具有火山灰或水硬活性的活性材料，适用于新的低碳足迹的水泥产品。ReActiv 项目为两个行业提出了双赢的局面（分别减少了废物和二氧化碳排放）。

2. 其他地区和国家

在澳大利亚，政府与行业利益相关者合作，制定了可持续的赤泥管理指南。澳大利亚可再生能源机构（ARENA）和重工业低碳转型合作研究中心（HILT CRC）也支持赤泥的再利用和高值化。ARENA 的资助解决了赤泥的管理问题，2022 年，ARENA 发布了《澳大利亚氧化铝精炼脱碳路线图》，概述了减少排放和改进残渣处理的策略，该路线图鼓励开发能够重新利用赤泥的技术，将其从废弃物转变为宝贵资源。为了促进重工业向低碳运营的过渡，HILT CRC 与行业合作伙伴合作，探索赤泥的创新用途。通过专注于研发，HILT CRC 旨在确定赤泥的经济可行应用，如将其掺入建筑材料或回收有价值金属。

在阿拉伯联合酋长国（UAE），已采取措施阻止垃圾填埋场的使用。例如，2022 年年初，迪拜将不可回收垃圾在填埋场处置的成本从每吨 10 迪拉姆提高到每吨 100 迪拉姆。阿联酋全球铝业（EGA）一直在积极开发赤泥再利用和高值化的可持续解决方案，2023 年，阿联酋全球铝业（EGA）在阿布扎比的 Al Taweelah 开始建设一座试点工厂，旨在将赤泥转化为名为“Turba”的人造土壤产品。该设施将残渣转化为一种环境友好的材料，便于其在当地绿化和农业项目中使用。阿联酋全球铝业（EGA）的研究有助于实现 UAE 更广泛的环境监管目标，如减少送往填埋场的废物和促进资源效率。阿联酋全球铝业（EGA）与沙迦美国大学的深入合作也进一步强调了在废物高值化方面的创新承诺。

在印度，政策框架促进了对赤泥利用的研究，组织如贾瓦哈拉尔·尼赫鲁铝研究开发设计中心（JNARDDC）开展将赤泥掺入建筑材料、稀土提取等方面研究。例如，CSIR-CRRI 中央公路研究所正在研究赤泥在道路应用中的使用，旨在解决环境问题的同时提供经济效益。

在牙买加，没有特定政策来利用赤泥。牙买加铝土矿研究所（JBI）负责监督赤泥场地的管理与修复。自 2001 年以来，牙买加铝土矿研究所（JBI）已与各公司协商关闭赤泥场地，旨在确保安全修复和土地复垦。这包括 2013 年的柯克维恩池塘残渣区，其中处置区被植被覆盖。

巴西和美国没有具体的再利用赤泥的政策，但这两个国家都参与了行业主导的举措，并遵守影响赤泥管理实践的环境法规。

（二）行业协会推动方面

各类全球和区域性的铝业协会一直在推动赤泥的再利用，特别是在建筑材料和高值化途径方面。

国际铝业协会在赤泥再利用方面发挥了重要作用。2020 年，国际铝业协会发布了《技术路线图——在水泥中最大化利用赤泥》，该路线图解决了将赤泥掺入水泥产品所涉及的技术、立法和理解挑战。该路线图作为利益相关者的全面指南，促进了赤泥在铝业部门内的高值化，并鼓励铝业部门与水泥行业的合作。此外，国际铝业协会还开发了“水泥中赤泥工具”，这是一个基于 Excel 的工具，用于量化使用赤泥生产水泥在能源、环境和财务方面的好处。该工具能够帮助行业参与者在将赤泥融入其生产流程时做出明智的决策。

欧洲铝业和澳大利亚铝业委员会在推动赤泥的可持续使用方面也发挥了作用。他们与国际铝业协会和其他区域机构合作，共同撰写了《可持续赤泥管理指南》。这些指南强调了减少碳足迹的重要性，并探索了赤泥在各种应用中再利用的机会。

美国铝业协会注重环境管理，探索赤泥再利用的途径，包括研究将赤泥掺入建筑材料，从而减少废物并促进行业内的可持续实践。

巴西铝业协会积极参与赤泥高值化利用，并与国际机构合作，在制定指南和研究可持续的赤泥管理及其在建筑材料中的潜在应用方面做出了贡献。

（三）企业利用方面

虽然早在20世纪30年代，英国和美国就对在水泥制造中使用赤泥申请了专利，但直到2000年代，其工业规模化使用仍然有限。后来，随着希腊、印度和乌克兰的氧化铝厂的赤泥供应给白俄罗斯、塞浦路斯、格鲁吉亚、希腊、印度、摩尔多瓦、俄罗斯和乌克兰的水泥熟料生产厂，赤泥才开始大规模使用。

印度铝业公司（Hindalco）的三家氧化铝厂2020年中期已实现了赤泥100%利用率，并在印度40多家水泥厂销售赤泥超过200万吨，赤泥被用作红土、菱镁矿和低品位铝土矿的替代品。韦丹塔（Vedanta）的兰吉加尔氧化铝厂的赤泥也用于水泥熟料生产。

希腊梅特伦（Metlen）能源与金属公司的赤泥利用量也在增加。自2012年开始，该公司将赤泥年产量的10%出售给希腊和塞浦路斯的水泥厂，累计销量超40万吨。

阿塞拜疆Gandja氧化铝厂也曾少量使用赤泥，罗马尼亚Tulcea氧化铝厂曾向当地水泥厂供应赤泥。

在巴西，CBA与Votorantim水泥公司合作进行了几次大规模试验，使用了约5000吨的赤泥生产波特兰水泥，在生产过程中使用石灰石来控制水泥颜色和流动性。试验进展顺利，但水泥的质量仍在确认（目标是CPII / CPIV水泥），煅烧条件（如温度/燃料组成等）的优化工作仍在进行。

牙买加80年代中期，金斯敦的加勒比水泥有限公司也成功进行了在水泥熟料生产中利用赤泥的尝试，使用了来自Ewarton氧化铝厂的数万吨赤泥。在生产过程中添加了约4%的矿渣，未发现任何技术问题。这些矿渣来自Ewarton的干堆场，固含量约

70%。后来，由于运输问题和固含量下降至 65%，该操作被中断。

（四）科学创新方面

2016 年，国际铝业协会审查并发表了 3 篇关于赤泥在水泥中应用方向的论文：赤泥在波特兰水泥中的应用、赤泥在补充胶凝材料中的应用以及赤泥在特种水泥中的应用。确定了如果赤泥可以用作补充胶凝材料（SCM），则其应用机会更大。2020 年，国际铝业协会发布了《技术路线图—在水泥中最大利用赤泥》路线图中提出了上述应用方向，这也成为申请欧盟“地平线 2020”计划 1100 万欧元资金的关键因素，该计划产生了 ReActiv 项目——该项目于 2025 年 4 月结束。

欧盟 ReActiv 项目是一个涉及 12 个国家的 23 个合作伙伴的协作项目。它由全球最大的水泥制造商拉豪牵头，包括 7 家氧化铝企业、6 所大学、1 个研究所、5 家咨询公司、欧洲铝业和国际铝业协会。

自 2020 年以来，ReActiv 项目在实验室和大型试点规模上进行了大量工作，探索了将赤泥作为 SCM 替代高达 30% 的熟料在水泥生产中的可能性。ReActiv 项目集中研究了不同的处理路线，并确定了三条能够生产出成功产品的路线。

煅烧处理（CB）将赤泥与含有黏土相的自然火山灰混合，然后在炉中加热煅烧至 650 ~ 800℃；混合物的比例范围为90% ~ 50% 的赤泥与 10% ~ 50% 的含黏土自然火山灰。CB 的生产在 METLEN 的一个工业试验中得到了验证。

玻化处理（VB）将超过 60% 的赤泥与少量的还原剂（如碳）、钙质和硅质添加剂混合并制成球团。球团在约 1200 ~ 1300℃ 的温度下熔化。

还原熔炼（SB）将赤泥与如二氧化硅和氧化钙（分别加入30%和10%）的助熔剂混合并在大于1500℃的温度下还原。在METLEN的工业试验中进行了还原熔炼生产。

生产数据和测试结果已提交给SuStaCEM项目框架内的CEN-TC51，旨在实现欧洲标准CEM II/A-B、CEM II/A-M、CEM II/B-B和CEM II/B-M水泥的标准化。

在印度，Hindalco致力于通过提高现有技术的效率并整合新技术开发过程中的新工艺来减少废物足迹。Hindalco与孟买理工学院合作完成了试验，通过利用赤泥和塑料废物生产砖块、铺路石、瓷砖等聚合物复合材料，最大限度地减少废物处置。Hindalco还与多个国内外机构合作，探索赤泥的其他应用，包括开发骨料、防火产品、建筑产品和地聚合物赤泥混凝土。

在巴西，CBA除了与Votorantim Cimentos合作生产火山灰质材料，还与巴西的大学合作进行赤泥（BR）与生物质和垃圾衍生燃料的协同热解研究，以获得一种中性且非碱性的材料，具有多种应用前景。实验室和试点测试已经进行，并取得了有希望的结果。

希腊Metlen通过ReActiv项目引领了改性后基于赤泥的水泥的开发和潜在商业化。通过广泛的现场试验、工业规模应用和监管参与，他们将赤泥定位为水泥行业中可行的低碳替代品。这些进步不仅降低了水泥生产的环境影响，而且通过高值化工业副产品支持了循环经济。

（五）专利方面

通过快速搜索显示，赤泥在2023年以来有以下专利：

利用破碎硅片和赤泥生产硅铁。发布日期：2024年。摘要：本研究介绍了一种新颖的回收工艺，用于解决碎硅片和赤泥的问题。提出使用这两种关键的废料材料进行硅热还原，得到以硅铁为基础的合金。

使用 H_2-H_2O 混合物对赤泥球团进行加氢还原的实验研究。发布日期：2023 年。摘要：本研究调查了使用 H_2-H_2O 混合物对赤泥球团进行加氢还原的情况。研究重点在于赤泥处理的脱碳和循环经济方面，旨在通过基于氢的还原方法回收有价值金属。

利用赤泥生产地聚物砖和瓷砖的高值化研究。发布日期：2023 年。摘要：本研究探讨了使用赤泥作为填充物生产地聚合物砖和瓷砖的情况。研究表明，将赤泥掺入地聚合物材料是一种技术上可行的高值化方法，有可能产生可持续的建筑材料。

（六）总利用率

据估计，中国境外每年有 220 万 ~ 270 万吨赤泥被用于生产波特兰水泥熟料。这些数据主要基于印度、巴西和希腊的使用情况。

二、产品体系

（一）矿物提取

人们已经考虑了赤泥许多潜在的应用，特别是关注于从赤泥中回收元素的路径。

1. 赤泥选铁

拜耳本人在他 1892 年描述拜耳法的专利中提出了铁回收的潜在可能性："这种红色的含铁残渣在经过处理后会很好地沉淀，并且通过足够的实践，可以被过滤和洗涤。由于其高含量的铁和氧化铝，可以通过适当的方法处理，与其他铁矿石一起被冶炼成铁。”

（1）研究成果

2016 年 Pepper 等以澳大利亚氧化铝精炼厂以浆料形式收集的赤泥为原料，在相同的实验条件下，直接研究硝酸、盐酸、硫酸和磷酸对赤泥中铁的浸出情况。4 种酸（5mol/L，24h）对赤泥中铁的提取率顺序是：磷酸 > 盐酸 > 硫酸 > 硝酸；而浸取 7 天后，对铁的溶解率顺序是：硫酸 > 磷酸 > 盐酸 > 硝酸，试验证明，4 种酸中磷酸和盐酸对铁（76% ~78%）的回收率最高，该试验为未来选择性浸出提铁实验提供了参考。

美国矿务局曾研究将赤泥、煤、石灰石及碳酸钠混合、磨碎，后在 800 ~1000℃下进行还原烧结。滤渣用高强度磁选机分选，并在 1480℃条件下进行熔炼产生生铁，此工艺经小型试验、半工业试验，可制得含铁 93% ~94%、碳 4.0% ~4.5% 的生铁，铁回收率达到了 95%。

早期德国的格布尔·基里尼公司曾进行了两段熔炼法处理赤泥生产炼钢生铁的半工业化试验。第一段试验将赤泥与煤粉（或泥煤）、碎石灰石混合，送入回转窑中在 1000 ℃温度下还原烧结，80% 以上的氧化铁被还原成金属铁；第二段试验采用竖式熔炼炉进行熔炼，进一步还原，使还原效率达到 95% 以上。

苏联巴夫洛达尔厂将烧结赤泥与磁铁精矿按 5：95 至 15：85 的比例配矿，再添加一定量的石灰石混合成球、烘干，加入一定量焦炭在达蒙型高温炉内的石墨坩埚中进行冶炼，所用赤泥含 Fe_2O_3 含量 22.8% 左右，熔融得到的生铁的铁含量约为 90% ~93%。

匈牙利以阿尔马什菲济特氧化铝厂的拜尔法赤泥（Fe_2O_3 含量 40.76%）为原料，加入无烟煤作还原剂在捷克的耶依保维查厂的回转窑中还原焙烧，后磁选分离，得到含 Fe 77%、铁回收率 81.5% ~ 83.0% 的铁精矿，这种铁精矿可以直接用于电炉炼钢。

（2）最新技术

——德国电弧炉还原技术

2024 年 1 月，德国马克斯普朗克学会钢铁研究所科研团队使用电弧炉，利用氢等离子（氩-10% 氢气）体将赤泥中的氧化铁转化为液态铁。研究结果表明，该工艺可以从 15 克赤泥中提取 2.6 克金属铁，接近基于热力学计算的理论极限值。该工艺效率高，还原的第 1 分钟，氧化铁受热分解成钛磁铁矿（$Fe_{2.5}Ti_{0.5}O_4$），只产生少量铁，但在还原 10 分钟时金属化率达到 70%（图 7-1），Fe 的蒸发损失量仅为 7% 左右，得到的铁产品的平均铁含量为 95%，且有害元素（如硫、磷和碳）可以忽略不计，因此可以直接用于炼钢。尽管当前的研究是在数克规模上进行的试验，但是研究人员通过成本分析，表明该工艺在工业规模上具有经济可行性。该工艺的优点：此工艺可以简单直接的单步提取铁，无需对赤泥进行预处理；此工艺产生的残渣呈中性，可用作建筑材料。该研究也被 Nature 期刊的“新闻与观点”栏目评为 2024 年度科学亮点。

——法国氢还原技术

2024 年 9 月，法国国家科学研究中心（CNRS）研究人员在高达 1000℃ 的太阳加热填充床反应器中验证了氢直接还原铁矿石粉（直径 0.025 ~2 毫米）的还原过程（图 7-2），成功验证了在中等温度（从 400℃ 以上开始）下完全还原矿石生铁生产可再生铁的可行性。同年 11 月，法国图卢兹的纳米物体物理化学实验室同样发布了其关于聚光太阳能驱动氢直接还原技术的最新研究成果。该团队利用模拟太阳能直接加热反应器，来研究铁矿石球

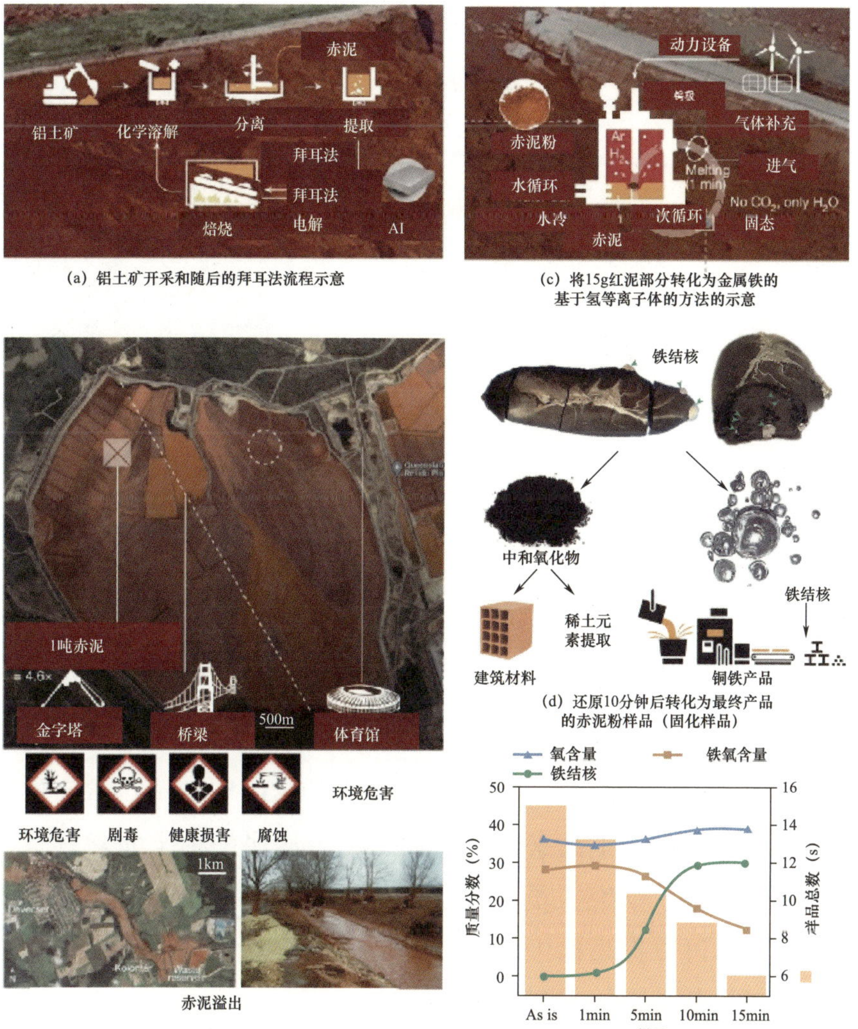

(a) 铝土矿开采和随后的拜耳法流程示意

(b) 一个用来储存红泥的废弃池塘的卫星图像

(c) 将15g红泥部分转化为金属铁的基于氢等离子体的方法的示意

(d) 还原10分钟后转化为最终产品的赤泥粉样品（固化样品）

(e) 提取重量随还原时间变化的图表

图 7-1 氢等离子体处理赤泥以及溶液的产生、储存及危害

团的氢还原。研究结果显示，在单个球团上，通过在曝光过程中旋转 3 次，在 12 分钟内可达到 96% 的还原产率。该还原率能够满足工业上对还原产率的要求。这些研究成果表明，聚光太阳能驱动的氢基直接还原炼铁工艺有望成为新的低碳炼铁工艺。

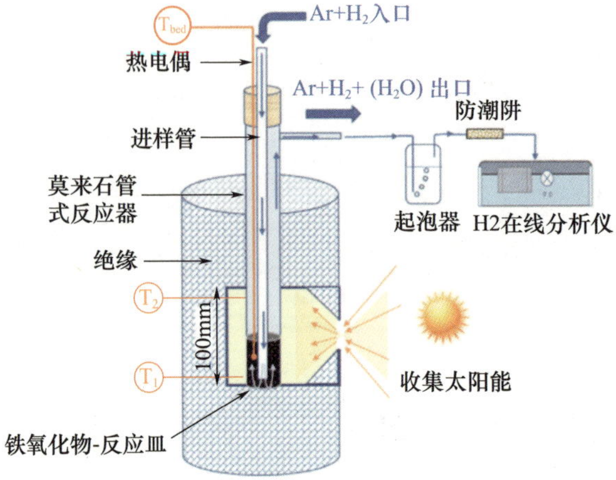

图 7-2 太阳加热填充床反应器示意

2. 其他元素

尽管已经证明从赤泥中提取其他金属如稀土元素（REEs）和钪在技术上是可行的，但它们尚未被显著开发利用，世界上（除中国外）也没有显著的商业矿物提取活动。

根特大学可持续金属与矿物研究所（KU Leuven）一直在研究从赤泥中回收稀土元素（REEs）。鉴于赤泥中稀土元素（尤其是钪）的浓度，研究人员使用了诸如干消化后水浸出的方法。这种方法声称可以提高稀土元素的提取效率，同时尽量减少不必要元素（如二氧化硅）的溶解。

UC Rusal 在俄罗斯氧化铝设施中也取得了一些成功来生产钪，但产量尚不清楚。

雅典国立技术大学蒂米斯·巴洛梅诺斯研究赤泥提取有价金属元素（铁、铝、钠、钪）工艺以及赤泥土壤化技术及赤泥制备水泥技术，但目前均没有产业化。

德国亥姆霍兹研究所开展放射性元素分离以及提取钍的研究，目前回收率达到99%。

（二）胶凝材料

目前只有印度、巴西以及希腊等国在水泥产品中使用了赤泥。

在印度，印度铝业公司的赤泥被用作红土、菱镁矿和低品位铝土矿的替代品，在其四个氧化铝厂中的三个厂中实现了100%的利用率；Vedanta 和 GCACPL 的赤泥也用于水泥熟料生产，但用量有限。

在巴西，CBA 与 Votorantim Cimentos 合作运营着两家水泥厂，年生产能力合计 600 万吨。目前已供应约 5000 吨的赤泥。海德鲁公司正在与帕拉州联邦大学合作试点，通过试点工厂，在 2025 年年底前生产低碳水泥以及混凝土骨料。此外，他们还达成了一项协议，在当地一家水泥厂处理 4 万吨/年的铝土矿残渣。

在希腊，Metlen 也在进行利用赤泥的研究，包括在 ReActiv 项目中的混合水泥生产。直接在水泥熟料生产中使用赤泥是可行的，但由于合理物流范围内的水泥厂数量有限，每年的使用量约为 10 万吨。

俄罗斯 UC Rusal 公司在研究赤泥应用于特种胶凝材料的晶界控制技术。

在国内外的学术领域中，更多的人倾向于认可利用赤泥生产 SCM（Supplementary Cementitious Materials，辅助性胶凝材料），并将其作为一种有效的途径来消纳赤泥。

（三）粉体材料

目前，在世界范围内（除中国外）尚无商业化利用赤泥生产粉体材料的情况，只有准商业活动案例。

例如，Fluorchemie 开发了一种源自赤泥的阻燃添加剂 MKRS

（改性再碳化赤泥），并以 ALFERROCK ® 商标推向市场，现已更名为 ALPHYN ® 。这种添加剂的特点是在 220℃至更高温度下的有效功能，超过了传统的无机阻燃剂如氢氧化铝和氢氧化镁。ALPHYN ® 已在各种聚合物系统中显示出有效性，包括在高达 60% 负载下的泡沫聚合物如膨胀聚苯乙烯（EPS）和聚氨酯（PUR）泡沫中。

（四）路用材料

在世界范围内（除中国外），使用赤泥作为道路基层尚未取得实质性的重大进展，只有欧盟的 RemovAl 项目以及印度、希腊进行了一些试验。

印度铝业公司（Hindalco）与印度国家公路管理局（NHAI）、中央科学与工业研究理事会中央公路研究所（CSIR-CRRI）和矿物与材料技术研究所（IMMT）合作，在奥里萨邦科拉普特附近建造了一个试点项目。该项目涉及使用 Hindalco 乌塔尔氧化铝厂的赤泥和飞灰混合物建造国家公路 130 的一个环道段作为路基和路堤。

爱尔兰利默里克氧化铝厂 Aughinish Alumina 作为欧盟“地平线”计划资助的 RemovAl 项目的一部分，在其爱尔兰场地上使用赤泥与飞灰、磨细粒状高炉矿渣和石灰混合建造了道路，添加其他成分用以解决浸出问题。

在希腊，Metlen 曾将赤泥用于道路建设和其他应用中。该项目涉及在其场地内建造一条沥青道路。项目于 2009 年至 2011 年间启动，旨在评估将赤泥作为路面层主要材料使用的可行性。经过 9 年的全交通条件下暴露后，评估结果显示路面在重载下表现出令人满意的性能，结构缺陷极少。

（五）建陶材料

在世界范围内（除中国外），仅在建筑砖、瓷砖等方面有使用赤泥的案例。

1998 年，牙买加用赤泥制成的建筑砖建造了一座示范建筑，该建筑被用作体育馆。项目始于 1986 年，当时牙买加建筑研究所着手寻找赤泥的商业应用。1987 年至 1995 年，在加拿大国际发展研究中心（IDRC）的资助下进行了研究，并于 1998 年完成了示范建筑的建设。

在希腊，Metlen 努力利用赤泥。作为欧盟“地平线 2020”RemovAL 项目的一部分，Metlen 在 Aspra Spitia 地区（紧邻氧化铝厂的专门建造的定居点）几乎完全用来自赤泥的材料建造了一座房屋。

典型案例：

1. 希腊铝业

希腊铝业年产 86 万吨氧化铝，年产生赤泥量超百万吨。目前，希腊铝业主要将赤泥用于水泥行业，年利用量可达赤泥产生量的 10%。希腊铝业利用赤泥制备建筑用砖、墙板等技术也已成熟，正在寻找产业化机会。据希腊铝业相关负责人介绍，赤泥免烧砖中赤泥掺量可达 30%，其综合性能与水泥砖相当；赤泥还原熔炼提铁技术还处于实验阶段（图 7-3 和图 7-4）。

2. 霍尔希姆创新中心

霍尔希姆创新中心已在欧洲水泥生产中掺加了赤泥，目前在做标准制定方面的工作。为加速赤泥综合利用的推广，该中心建议将“Bauxite Residue”改为“Processed bauxite”。

图 7-3　国际论坛参会代表与希腊铝业负责人交流赤泥综合利用相关技术

图 7-4　国际论坛参会代表参观希腊铝业铝土矿之家赤泥相关产品展览

该中心专家皮帕特-特姆哈约恩基特指出，当前国际上对铝土矿生产过程中排放的副产物普遍称为“赤泥”“或“铝土矿残渣”，称呼不统一且均为贬义词汇，因此霍尔希姆提出将其称为“Processed bauxite”。此外，霍尔希姆采用三种方式对其进行改性，分别是在 650℃ ~800℃，90% ~50% 的 Processed bauxite 和

10% ~50%的含黏土相的天然胶泥煅烧；在1200℃ ~1300℃，大于60%的Processed bauxite和还原剂、含硅物质和含钙物质混合煅烧；1500℃以上，Processed bauxite和添加剂（如SiO_2和CaO）混合煅烧，从而增强其化学反应活性，用于水泥行业当中。此外，他还详细介绍了支持欧洲水泥标准化的程序指南。

3. 鲁汶大学

鲁汶大学格伦·贝尔萨茨在实验室进行赤泥高温制砖、赤泥氢气还原提取铁和氧化铝的研究、高温处理后的赤泥制备水泥及无机聚合物的研究。

该大学高级研究员格伦-贝尔萨茨指出，赤泥的综合利用不仅需要技术可行，经济及环境性能也需要具有可行性。他提出鲁汶大学致力赤泥的再循环利用，赤泥的大批量应用主要集中在建筑产品领域。在不同温度下，赤泥可以被用作不同用途，在100℃以下，赤泥基本不具备胶凝活性，主要可用作填料使用；在100℃ ~300℃，赤泥发生水热反应，可以用于制备建筑材料；在500℃ ~900℃，能够通过焙烧的方式，提高赤泥中的铁回收率；在大于1200℃时，能够使赤泥发生矿相转变，能够很好的用作辅助胶凝材料。

（六）其他利用方面

赤泥在作为肥料、土壤调理剂以及生态修复方面，世界上（除中国外）已经取得了一些小型商业和准商业的进步。

肥料。赤泥在农业中有潜在的应用前景，特别是作为土壤改良剂和营养源。由于其高含量的铁、钙和微量元素，有助于改善土壤结构和养分保持能力。特别是其吸附并逐渐释放磷酸盐的能力使其成为潜在的缓释肥料成分。

土壤调理剂。巴西海德鲁正与 SENAI 合作，计划到 2025 年第四季度前生产一种由赤泥和作物废料制成的土壤调理剂，并开展小规模工业化运营。

生态修复。力拓公司与 Virotec（一家澳大利亚环境修复公司）合作开发可持续的解决方案来管理赤泥。该方案旨在使用 Virotec 的专利技术（Basecon™和 Bauxsol™）将赤泥转化为商业上可行的产品。早在 2000 年，力拓公司便开始评估 Virotec 技术处理昆士兰州格拉德斯通氧化铝厂赤泥的潜力。这一合作促成了 QAL 一级处理设施的建立。该设施将赤泥处理成 Bauxsol™，可用于各种环境修复应用。Virotec 的 Basecon™技术涉及处理赤泥以中和其碱性并稳定重金属，将其转化为 Bauxsol™。这种转化后的材料已用于处理酸性矿山排水和修复酸性硫酸盐土壤等应用中。

典型案例：

1. 力拓公司 Mount Rosser 项目

Mount Rosser 矿场自 1959 年至 1991 年进行铝土矿开采。2007 年，力拓公司通过收购 Alcan 获得了该矿场，其中包括一个 87 英亩（约 35 公顷）受污染的水湖，该湖坐落在 900 万立方米高碱性赤泥之上。该项目采取的主要措施如下。

去除和处理受污染的水：项目团队首先去除了湖中的受污染水，以便雨水能够自然排出；采取了适当的水处理技术，确保排放的水符合环保标准。

土壤改良：项目团队使用石膏和鸡粪作为肥料，以改善土壤结构并降低土壤 pH 值。石膏能够与赤泥中的碱性物质反应，生成更稳定的化合物，从而降低土壤的碱性；鸡粪提供了必要的养分，促进了土壤微生物的活性，有助于土壤的恢复。

植被恢复：项目团队选择了适应性强、能够耐受赤泥条件的植物进行种植，这些植物不仅能够在恶劣的环境中生存，还能逐渐改善土壤质量，为其他植物的生长创造条件。植被的恢复过程持续了多年，通过种植和养护，逐渐建立了稳定的生态系统。

目前，矿场被95%的多样化和可持续植被所覆盖（图7-5至图7-7）。植被的恢复不仅美化了环境，还提高了矿场的稳定性，减少了粉尘和渗滤液的产生。项目的实施显著降低了赤泥对环境和生态系统的威胁，使水质得到了改善，符合了环保标准；土壤质量也得到了提升，为未来的土地利用提供了可能性。

图7-5　改造前

图7-6　改造后

图 7-7　三年生植物根系

2. 力拓法国蒙特大（Montgrand）赤泥堆场

蒙特大（Montgrand）赤泥堆场于 1908 年开始使用，1947 年关停，该赤泥堆场位置靠近一个人口稠密的中央区域，毗邻流入地中海的 L'Huveaune 河。该赤泥堆场表层经过 60 厘米的表层覆土处置，表层植被长势良好，至今仍坚持对周边持续进行环境监测。（图 7-8 和图 7-9）

图 7-8　调研生态修复后的蒙特大（Montgrand）赤泥堆场

图 7-9　相关负责人讲解蒙特大（Montgrand）赤泥堆场处置方法

3. 力拓圣西尔（St-Cyr）赤泥堆场

力拓圣西尔（St-Cyr）赤泥堆场于 1947 年开始使用，1988 年关停，堆存约 400 万吨赤泥。据力拓公司相关负责人介绍，该赤泥堆场是由湿排赤泥形成的，经过隔层处置和表层覆土处理后，该赤泥堆场在 2012 年被纳入新成立的卡兰克 Des Calanques 国家公园（图 7-10）。

图 7-10 国际论坛参会代表调研生态修复后的圣西尔（St-Cyr）赤泥堆场

4. 爱尔兰生态工程技术

利默里克大学研究了“生态工程在赤泥可持续管理中的应用”。该大学提出了利用不同学科（如土壤科学、生态学、植物生理学等）的综合方法来处理赤泥；强调了土壤化处理不仅是让植物在赤泥上生长，而是要实现可持续的土壤性质和功能，包括维持稳定的 pH 值、促进水和养分的循环以及建立生态系统。

通过离体生物测定实验，研究团队评估了植物和蚯蚓对赤泥的适应性和影响。实验显示，即使在含有一定比例新鲜赤泥的土壤中，植物和蚯蚓也能表现出一定的生存和生长能力。该研究强调了生态系统工程师（如分解者和食物网中的其他生物）在土壤发展和健康中的重要作用。

利默里克大学科学与工程学院（生物科学系）科学与工程系

主任罗南·考特尼指出，赤泥具备用作生态工程材料的潜力，研究表明，一些植物能在处理过的赤泥中生长，但是经过处理的赤泥不能与土壤画等号，现场评估显示，大多数采样点的碱度和钠离子含量仍然超标，超出康复成功的目标值。仍需进行长期的监测，收集相关数据。为此，应当以生态学原则为指导，制定有效的生物圈保护区管理战略，监测其土壤特性、化学性质、物理特性、养分和微量元素特性等。

三、产业体系

（一）赤泥 + 钢铁

目前，除中国之外，世界其他国家或地区的所有铁提取项目都处于商业化应用前期。

赤泥中含有相当比例的氧化铁（30% ~60%），使其成为潜在的二次铁源。主要的提铁方法是在电弧炉中进行还原熔炼，旨在生产生铁和稳定的炉渣。

典型案例：

1. 希腊 Metlen 的赤泥处理项目

该项目使用电弧炉进行还原熔炼，理论上每年可产出 10 万吨生铁、5 万吨氧化铝、1. 5 万吨纯碱和 13. 2 万吨灰色废渣（惰性废物/骨料）。但是，高能耗和生铁价格波动阻碍了该项目的经济性。

2. 海德鲁 WAVE Aluminum 试验装置

Hydro 在巴西 Alunorte 氧化铝厂的 WAVE Aluminum 实验装置也取得了进展。WAVE 使用微波能量转移技术将赤泥转化为生铁，并留下一种灰色废产品，目标用于建筑应用。目前，一个 5 万吨/年的试点工厂正在建设中，预计于 2026 年上半年投产，计划生产生铁和霞石副产品。

3. Element USA 低碳生铁项目

Element USA 在努力生产一种名为 EcoIron™的低碳生铁替代品，从赤泥中提取金属的方法与传统熔炼方法相比能耗更低。除 EcoIron™外，Element USA 还计划从赤泥中回收其他关键材料，如氧化铝和钪，以增加市场供应。

（二）赤泥 + 建材

CBA 研究了赤泥在铺路石和整体地面中的应用。在商业混凝土厂生产材料时需精确控制湿度和成分配比以维持混凝土的工作性和泵送性；养护 28 天后，铺路块和加固整体板均成功安装。然而，这些研究目前处于暂停状态。

（三）赤泥 + 其他

（1）海德鲁（巴西）技术顾问马塞洛 · 蒙蒂尼指出，拜耳工艺的发明者早在 1892 年就将赤泥列为副产品。海德鲁公司致力于将赤泥转化为可持续的绿色产品，其中赤泥制备低碳水泥处于实验室阶段，赤泥制备混凝土骨料、制备土壤改良剂处于测试阶段，赤泥制备混凝土铺路石、制备水泥熟料已得到工业化应用，赤泥制备生铁预计在 2026 年建成工厂投入使用。

（2）希腊工业集团高级顾问、雅典国立技术大学助理教授蒂米斯-巴洛梅诺斯指出，传统上赤泥被视为废物和工业问题，然而，在未来，赤泥将是一种宝贵的资源，大规模利用这种资源很可能需要资本投入，因此需要氧化铝企业及社会各界不要将赤泥视为“杂质沉淀池”，而应将其视为 SGA 的副产品。他提出，赤泥潜在的应用几乎不胜枚举（超过 700 项专利），水泥制备、金属提取、土壤修复、建筑材料都是潜在再利用量较大的应用方向。

第八章　展望未来

在全球绿色化“双碳”背景下，破解赤泥综合利用“世界性难题”势在必行。如何实现赤泥“减量化、清洁化、资源化”大规模低成本生态化利用，已成为全球铝行业特别是中国铝工业的重要课题。本章从技术创新、产业链协同、政策支持、市场驱动、国际合作等角度，系统展望赤泥综合利用的未来发展。

一、产品体系：突破技术瓶颈，拓展应用路径

（一）源头减量技术

该技术借助极少量添加剂取代添加大量石灰的控电位还原溶出体系，强化一水硬铝石、铝针铁矿等矿物中氧化铝的溶出，降低矿石消耗、减少单位氧化铝的赤泥产生量。该技术已取得了显著效果。

某处理一水硬铝石矿的氧化铝企业试验该技术，原矿浆 CaO/SiO_2 由 1.10 降低至 <0.20 后，溶出赤泥 A/S 由 >1.30 降至 <1.05，吨氧化铝赤泥产生降低约 30%。

某使用三水铝石矿氧化铝企业试验该技术，实现吨氧化铝矿耗降低 200kg，有效降低了赤泥产出率。

该技术如果全面推广，可有效减低赤泥排放 20% 以上，按 2024 年我国赤泥产生量 1.15 亿吨计算，年减排赤泥约 2300 万吨。

（二）低成本脱碱技术

赤泥中碱含量高，是规模化协同消纳、生态化修复、环保利用的主要障碍。该技术利用工业固废、废酸等多源废料进行赤泥低成本脱碱，胶凝材料固碱，降低了赤泥中碱的危害，拓展了赤泥规模化利用。

某氧化铝企业利用电石渣中的氧化钙置换赤泥中的氧化钠，处理后氧化钠含量由 7% 降至 1.5% 以下，年处理赤泥量达 100 万吨，回收碱量超过 6 万吨，既实现低成本高效脱钠，又使电石生产废渣得以大量消纳。脱碱后的赤泥可用于制作水泥掺配、制砖等建材。

（三）原位生态修复技术

氧化铝企业的一些赤泥堆场逐渐退出服役，堆场原位生态修复势在必行。结合工农业固废缓释和产酸菌群强化，通过碱性矿物选择性稳定和团聚体结构形成，将强碱性赤泥低成本转变为具有土壤属性的生长基质，有效缓解堆场闭库过程客土焦虑和生态风险。目前已试验赤泥堆场原位无土生态修复面积超 5 万 m^2，预计 3 ~5 年内累计修复面积超 100 万 m^2。

（四）分级分质金属提取技术

赤泥中含有铁、铝、钛、稀土等有价金属，其中铁含量可达 20% ~40%。未来，金属回收技术将向高效、低能耗方向发展。例如，脉冲高梯度磁选工艺已在山东某企业实现工业化应用，铁砂回收率达 40%，氧化铁含量达 35% ~75%。未来可通过优化磁选工艺、引入生物浸出技术（如微生物提取稀土元素）进一步提升金属回收率。此外，赤泥中铝的二次提取技术（如低温拜耳法联合烧结工艺）将减少对原生铝土矿的依赖，推动铝工业的闭环循环。

（五）多元化新型建材技术

赤泥制砖、水泥等传统建材技术已比较成熟，但存在能耗高、产品附加值低的问题。未来研究方向主要包括：

高性能胶凝材料。通过赤泥与矿渣、粉煤灰等固废协同活化，开发低碳水泥和地质聚合物材料，降低生产能耗 30% 以上。

功能化建材。如赤泥基保温材料（如微孔硅酸钙绝热材料）、透水砖、隔音板等，提升产品附加值。

3D 打印建筑材料。利用赤泥的可塑性开发 3D 打印原料，推动建筑行业绿色转型。

（六）土壤改良与环境修复技术

土壤改良剂。赤泥硅钙肥可调节土壤酸碱度，补充钙、硅等微量元素，已在河南等地实现年产 20 万吨的规模化应用。未来需进一步降低赤泥中的碱含量，解决“泛霜”问题，扩大在盐碱地改良中的应用。

污染吸附材料。赤泥的多孔结构可吸附水体中的重金属和有机污染物，未来可开发赤泥基环保滤料，用于污水处理和土壤修复。

（七）绿色环保技术

燃煤脱硫剂。赤泥中的碱性成分可替代传统石灰石脱硫剂，降低燃煤电厂碳排放。中铝山东已实现赤泥脱硫剂的专利化生产。

二氧化碳捕集材料。赤泥的高碱性特性可用于直接矿化捕集 CO_2，未来可通过工艺优化实现工业化应用。

二、产业体系：构建“资源—技术—市场”闭环生态产业链

（一）赤泥源头管理与标准化管理

赤泥的物理化学性质因生产工艺（拜耳法、烧结法、联合法）差异较大，需建立统一的成分检测标准与预处理规范，需要加强清洁生产管理及开发减量化技术。例如，通过干法脱水、碱回收等技术降低赤泥含水率和碱性，精细化分质分选等分类利用，为下游应用提供稳定原料。同时，也可开发非石灰溶出、低品位铝土矿综合利用等技术，大幅降低赤泥排量。

（二）跨行业技术整合与流程再造

推动赤泥利用企业与钢铁、建材、化工、交通等行业的协同创新、共赢发展。例如：

赤泥—钢铁—建材耦合。将赤泥氧化铁粉用于钢铁冶炼，低铁赤泥与钢铁固废协同利用，尾渣再用于生产水泥、建材等，实现全组分利用。

赤泥—化工—环保协同。利用赤泥开发环保材料（如脱硫剂、吸附剂），同时将化工废酸用于赤泥中和处理，降低处理成本。

（三）市场推广与消费者认同

赤泥产品需突破市场接受度低的瓶颈，具体措施如下：

建立绿色认证体系。建立赤泥建材的环保认证标识，如“无废城市推荐产品”，增强消费者信任。

推广示范工程。如淄博市利用赤泥铺设道路底基层的试验路段，已验证技术可靠性，可形成复制模式。

三、服务体系：政策激励 + 全球合作 + 跨界协同

（一）完善制度保障与激励机制

1. 强化法规约束与标准建设

排放管控：严格落实《赤泥综合利用实施方案》，研究制定排放管控政策，在产氧化铝企业探索实行“以渣定产”“谁排放谁付费”；新建氧化铝项目，应配套赤泥综合利用项目，明确利用率指标，倒逼激励。

产品标准：完善赤泥建材的强度、耐久性、环保性指标。

2. 经济激励与资金支持

税收优惠：对赤泥综合利用企业实施增值税即征即退、研发费用加计扣除等政策。例如，某企业 2023 年享受研发加计扣除超 1 亿元，显著支持技术攻关。

专项基金：设立赤泥综合利用产业基金，支持关键技术研发与产业化项目。

3. 区域协同与试点示范

园区化协同：以淄博市为例，打造赤泥消纳产业链，推动赤泥基新材料产业园建设，目标利用率超 50%。

跨区域合作：在赤泥产量大的山东、河南、广西等省份建立技术共享平台，避免重复研发。

（二）全球合作与技术共享

1. 国际技术交流

借鉴德国在赤泥制备轻骨料、日本在赤泥土壤改良剂等领域的技术经验，推动联合研发。例如，日本通过赤泥与火山灰复配开发出高性能路基材料。

2. “一带一路”绿色合作

中国可向东南亚、非洲等铝土矿资源丰富的国家输出赤泥处理技术，帮助其减少环境负担，同时拓展海外市场。

3. 全球标准互认

参与制定 ISO 赤泥综合利用国际标准，推动赤泥产品跨境贸易，如欧盟对赤泥建材的 CE 认证对接。

（三）多方协同与系统推进

1. 突破技术瓶颈

碱金属回收难题：赤泥中碱含量高，需开发低成本脱碱技术（如钙法、生物淋滤、CO_2 中和等）。

重金属稳定性：确保赤泥建材中重金属的长期固化，避免二次污染。

2. 提升经济可行性

规模化降本：通过产业集群降低运输与处理成本，如在氧化铝厂周边建设赤泥加工园区。

碳交易机制：将赤泥利用的碳减排量纳入碳市场交易，增加企业收益。

3. 提高社会认知度

公众参与：开展赤泥利用科普活动，消除“工业废渣”负面标签，如举办赤泥环保产品展览会。

媒体宣传：通过纪录片、案例报道等形式展示赤泥利用的生态效益，如中铝山东的百万吨级消纳成就。

赤泥综合利用的未来，不仅是技术突破的竞赛，更是政策、市场、社会多方协同的系统工程。到 2030 年，随着“双碳”目标的推进和循环经济体系的完善，赤泥综合利用率有望实现《行动方案》提出的 25% 目标。这一进程将深刻重塑铝工业的生态格局，为全球赤泥综合利用提供“中国方案”。

第九章　部分示范企业展示

一、云南九州昊成环保科技集团有限公司

云南九州昊成环保科技集团有限公司由云南九州再生资源开发有限公司、广西东懋再生资源开发有限公司、云南九州昊成设备制造有限公司、广西九州新材料有限公司、广西诺兰德再生资源有限公司、山西诺兰德再生资源开发有限公司、广西九洲再生资源利用有限公司等组成。

集团公司于2017年成立，集团及控股公司总注册资金1.5亿元，固定资产共计投入8亿多元，主要业务涵盖赤泥综合利用、新材料、装备制造、技术研发等领域，属于云南省高新技术企业。

在十余年发展过程中不断加大技术投入，提高赤泥综合利用率，联合文铝首创氧化铝行业赤泥提取高铝钙技术。旗下企业处理赤泥总量占国内年排放赤泥量的1/10，约为1500万吨/年，减排比处于行业前列，约为20%～35%，2010年以来累计赤泥减排约1000万吨。以下为各子公司简介：

（一）云南九州再生资源开发有限公司

云南九州再生资源开发有限公司（图9-1）位于云南省文山州文

山市马塘工业园区，年处理赤泥量为 260 万吨，占地面积 70 余亩，采用磁选、重选、浮选相结合的生产工艺。从赤泥中提取氧化铁粉，实现资源综合利用，减少废弃物堆存对环境造成的影响。年产 TFe = 53% 的氧化铁粉 39 万吨，年产高铝钙原料 13 万吨，总减排率达 20%。

图 9-1　云南九州再生资源开发有限公司

（二）广西东懋再生资源开发有限公司

广西东懋再生资源开发有限公司（图 9-2）位于广西德保县，项目占地 71 亩，年处理赤泥量为 400 万吨，采用磁选及重选工艺，从赤泥中提取氧化铁粉。公司目前拥有全国最大的浓密系统——70 米浓密机，该系统采用新型柔性弧形底板，有利于加快沉降速度，降低生产成本。年产 TFe = 55% 的氧化铁粉 70 万吨，减排率 17.5%。

图 9-2　广西东懋再生资源开发有限公司

（三）广西九州新材料有限公司

广西九州新材料有限公司（图9-3）项目占地30余亩，主要处置选铁后尾矿，主要采用磁选、重选、浮选相结合的生产工艺，提取铁精矿、高铝钙原料，年产高铝钙原料25万吨，TFe50%的氧化铁粉6.5万吨，减排率9.5%。

图9-3　广西九州新材料有限公司

（四）广西诺兰德再生资源有限公司

广西诺兰德再生资源有限公司（图9-4）是云南九州再生资源开发有限公司与中铝环保节能集团（央企）成立的首家合资型公司，占地65亩，年处理几内亚铝土矿赤泥量为260万吨，采用矿化解离、重选、磁选等工艺，将赤泥中的含铁目的矿物进行充分有效回收，年产TFe=50%的氧化铁粉65万吨，TFe=46%的氧化铁粉13万吨，综合减排率30%。二期建设规模为420万吨/年，采用稀释矿化—预先分级—预先脱泥消泡—重选—磁选组合工艺，年产TFe=50%的氧化铁粉142万吨（含一期磁选技改），年产

TFe =45% 的氧化铁粉 21 万吨，综合减排率达到 35%，居行业第一。

图 9-4　广西诺兰德再生资源有限公司

（五）山西诺兰德再生资源开发有限公司

山西诺兰德再生资源开发有限公司（图 9-5）是九州集团布局华北地区的首个赤泥综合利用项目，占地面积 100 亩，年处理赤泥量 400 万吨。项目分二期建设。一期处理采用矿化解离、重选、浮选、磁选相结合的生产工艺，将赤泥中的含铁目的矿物进行充分有效回收。一期于 2024 年 8 月建成，并于同年 9 月投产，年产 TFe = 50% 的氧化铁粉 42.5 万吨，TFe = 46% 的氧化铁粉 8.5 万吨，综合减排率 35% ~40%。二期采用磁选、重选相结合的生产工艺提取高铝钙原料，项目已在规划中。

图 9-5　山西诺兰德再生资源开发有限公司

（六）云南九州昊成设备制造有限公司

云南九州昊成设备制造有限公司（图 9-6）是一家集技术研发、设备制造于一体的专业化公司，专业从事赤泥综合利用专业化设备的研发制造，为赤泥综合利用产业化提供强大支撑，目前公司主要生产由公司自主研发的赤泥矿化解离系统、矿化流膜选矿机、矿化螺溜重选设备等，各系列设备均已在集团内企业实现产业化应用，运行效果良好。

图 9-6　云南九州昊成设备制造有限公司

二、山西创泽环保有限公司

山西创泽环保有限公司（以下简称“公司”）成立于 2021 年，是山西省吕梁市交口县重点招商引资的高新技术环保企业。公司立足国家“双碳”战略目标，以破解氧化铝工业固废——赤泥的世界性治理难题为核心使命，专注于赤泥资源化综合利用技术的研发与产业化，致力成为推动铝工业绿色低碳转型的标杆企业。图 9-7 为公司核心技术与业务。

图 9-7　公司核心技术与业务

公司拥有自主研发、国际领先的赤泥选铁核心技术——“预选—磁选—富级”全流程工艺（已获国家发明及实用新型双专利认证），成功突破了从复杂成分赤泥中稳定提取高纯度铁精矿粉的技术瓶颈。公司建成的赤泥综合利用生产线年处理能力达 7.37 万吨（干基），有效解决了赤泥堆存占地（处理 1 万吨赤泥节约 3 亩土地）及强碱性污染（消除 2 万吨/万吨赤泥污染风险）的环保难题，产品直供大型钢厂。

（一）产业链延伸与循环经济

在成功实现赤泥“变废为宝”的基础上，公司进一步延伸产业链，与兄弟单位联合研发出以赤泥铁粉为原料的“高铁脱磷化渣剂”。该炼钢辅料能显著提升钢厂脱磷效率（脱磷率提高 12%）、石灰溶解速率（提升 5 倍）和吨钢产量（增产 8-10 公斤），降低生产成本，形成了“废渣→铁矿→钢铁”的循环经济闭环，开创了赤泥高附加值利用的新模式。

（二）研发创新与行业引领

作为中国有色金属工业协会及山西省有色金属协会理事单

位，公司积极构建“产学研用”深度融合的创新生态。公司与华南理工大学、中铝郑州有色金属研究院等顶尖机构紧密合作，主导制定了《拜耳法赤泥回收铁矿物选技术规范》团体标准。公司持续布局赤泥中氧化钛、高钙铝提取以及赤泥基矿坑回填材料等高附加值项目研发，目标是将固废转化率提升至95%以上。

（三）企业愿景与社会价值

公司以“固废归零、生态共赢”为使命，其创新的技术路径和产业协同模式已获得中国有色金属工业协会的高度评价，被视为赤泥规模化、资源化利用的“可复制经验”和“山西方案”。公司致力从吕梁实践走向全国推广，深化与钢铁、建材等行业的战略合作，扩大产能规模，积极构建铝铁产业绿色低碳循环经济体系，为解决全球赤泥治理难题、推动大宗固废综合利用率提升至国家“十四五”目标贡献核心力量。

后　记

我国赤泥综合利用在社会各界的共同努力下，利用量超千万吨大关、利用率也首次达到了2位数，为“十四五”添写了亮丽一笔。今年是总结“十四五”、谋划“十五五”的关键之年，《2024赤泥综合利用发展报告》（以下简称“报告”）首次以全球视角，总结发展经验，展望未来趋势，旨在引导行业站在新的起点和高度，推动赤泥综合利用再创佳绩。

报告得到了协会党委书记、会长葛红林的高度关注和支持，亲自撰写了序言，肯定了2024年赤泥综合利用取得的成效和做出的努力，指出了赤泥综合利用当前存在的不足和挑战，点明了当前面临的机遇和优势条件，提出了新的要求和希望，为未来工作指明了方向。

报告特载了葛红林会长在2024赤泥综合利用国际论坛的致辞、赤泥综合利用行动方案记者专访内容，以及2024年赤泥综合利用十大进展，供读者学习和参阅。

报告系统总结了2024年赤泥综合利用情况，从利用量及利用结构、科技创新、专利标准、政策法规以及行业企业动态等，全方位展示了2024年我国赤泥综合利用的成果和趋势；报告沿用赤泥综合利用“三大体系”（产品体系、产业体系和服务体系）的架构，在注重理论的基础上，转变视角，从应用场景出发，以案例展示方式，描述了赤泥综合利用的实况和态势，给读者以启迪和思考；报告结合当前赤泥综合利用建设情况，对未来发展进行了展望。报告特别增编了《赤泥综合利用行动方案》全文及协会、企业领导及院士、专家等对文件的解读，帮助读者加深理解，以期更好的落实和执行文件；报告增编了国外赤泥综合利用情况，详细描述了国外赤泥综合利用的研究历史、利用技术、支持政策及进展，供读者参考和借鉴。

报告特别得到了国际铝业协会的支持，其提供了国外赤泥综合利用情况，同时得到了中铝集团、北京科技大学以及其他编委单位的数据和信息支持，得到了编委会各位领导的指导和勖勉，衷心感谢大家的建言献策和铺路架桥！报告旨在输出最佳实践，给予启发参照，抛砖引玉，汇思集智，推动赤泥综合利用更快、更好、更强发展。

报告参考和借鉴了公开渠道信息、企业和专家提供的资料等。协会结合调研考察情况，精心组织编制，但报告中难免存在不足之处，敬请读者斧正。

编委会

2025 年 6 月